U0742622

纺织科学与工程高新科技译丛

运动服装：材料及技术

［马来］叶晓云（Joanne Yip）◎编著

何佳臻　李　昕　许静娴 ◎译

中国纺织出版社有限公司

内 容 提 要

本书从运动服装的材料、工艺、测试、新兴技术等角度出发，对运动服装的设计与创新、纤维与织物、弹性织带与配件、舒适性与功能性评价、压力运动服装、3D打印运动服装、竞赛用运动服装、老年女性的瑜伽文胸、早期脊柱侧弯青少年生物反馈式背心等内容进行了系统的阐述。

本书可作为纺织、服装专业本科生或研究生教材，也可供纺织、服装领域的工程师、设计师以及产品开发人员阅读。

本书中文简体版经 Elsevier Ltd. 授权，由中国纺织出版社有限公司独家出版发行。本书内容未经出版者书面许可，不得以任何方式或任何手段复制、转载或刊登。

著作权合同登记号：图字：01-2023-0495

图书在版编目（CIP）数据

运动服装：材料及技术 / （马来）叶晓云编著；何佳臻，李昕，许静娴译. -- 北京：中国纺织出版社有限公司，2024.8. -- （纺织科学与工程高新科技译丛）.
ISBN 978-7-5229-1880-8

Ⅰ．TS941.15

中国国家版本馆 CIP 数据核字第 2024692S5D 号

责任编辑：沈 靖 孔会云 　　特约编辑：贺 蓉
责任校对：高 涵 　　　　　　责任印制：王艳丽

中国纺织出版社有限公司出版发行
地址：北京市朝阳区百子湾东里 A407 号楼 邮政编码：100124
销售电话：010—67004422 传真：010—87155801
http://www.c-textilep.com
中国纺织出版社天猫旗舰店
官方微博 http://weibo.com/2119887771
三河市宏盛印务有限公司印刷 各地新华书店经销
2024 年 8 月第 1 版第 1 次印刷
开本：710×1000 1/16 印张：10.25
字数：218 千字 定价：128.00 元

原书名：Latest Material and Technological Developments for Activewear

原作者：Joanne Yip

原 ISBN：978-0-12-819492-8

运动服装：材料及技术（何佳臻、李昕、许静娴译）

ISBN：978-7-5229-1880-8

注意

本书涉及领域的知识和实践标准在不断变化。新的研究和经验拓展我们的理解，因此须对研究方法、专业实践或医疗方法作出调整。从业者和研究人员必须始终依靠自身经验和知识来评估和使用本书中提到的所有信息、方法、化合物或本书中描述的实验。在使用这些信息或方法时，他们应注意自身和他人的安全，包括注意他们负有专业责任的当事人的安全。在法律允许的最大范围内，爱思唯尔、译文的原文作者、原文编辑及原文内容提供者均不对因产品责任、疏忽或其他人身或财产伤害及 / 或损失承担责任，亦不对由于使用或操作文中提到的方法、产品、说明或思想而导致的人身或财产伤害及 / 或损失承担责任。

译者序

随着人们对健康生活的渴望愈发强烈，运动服装已经成为全球服装市场的关键类别，其研究与开发尤为重要。尽管国内已有一些关于运动服装的教材，包括《运动服装设计》和《运动装应用设计》等，但缺乏专门针对运动服装领域的新兴材料、工艺和技术的专著。为了让更多纺织服装领域的技术人员全面了解运动服装的技术与发展，苏州大学纺织与服装工程学院何佳臻副教授组织了 3 名教师翻译了 *Latest Material and Technological Developments for Activewear* 一书，从运动服装的材料、工艺、测试、新兴技术等角度出发，对运动服装的设计与创新、纤维与织物、弹性织带与配件、舒适性与功能性评价、压力运动服装、3D 打印运动服装、竞赛用运动服装、老年女性的瑜伽文胸、早期脊柱侧弯青少年生物反馈式背心等内容进行了系统的阐述。

其中，第 1 章、第 2 章、第 3 章、第 4 章由苏州大学何佳臻翻译；第 5 章、第 6 章、第 7 章苏州大学许静娴翻译；第 8 章、第 9 章、第 10 章由浙江理工大学李昕翻译。全书由何佳臻修改审核。

此书出版过程中得到了中国纺织出版社有限公司的大力协助，在此一并致谢！由于译者水平有限，翻译不当之处还请广大读者多提宝贵意见和建议。

译者　何佳臻

2024 年 4 月

目　录

第 1 章　运动服装概论

叶晓云（Joanne Yip）[a]，安德鲁·弗兰克·兰多（Andrew Frank Lando）[b, c]

[a] 时装及纺织学院，香港理工大学，红磡，香港，中国

[b] ACE 时尚研究所，香港理工大学，香港，中国

[c] 德蒙福特大学，莱斯特，英国

1.1　运动服装简介

过去，运动服装市场一直是以男性为主要关注点，尤其注重运动服装的功能性而非时尚性。然而，近年来随着人们对健康养生意识的增强，男性和女性都开始在生活中融入丰富的健身活动，尤其是随着人们对健康和平衡生活方式的追求越发迫切，女性运动服装也越来越受欢迎，其市场份额也在逐渐增大。这意味着消费者更倾向于寻求既可通勤又可健身的运动装，这促进了运动休闲装的发展以及女装的休闲化发展。此时，市场关注点将转移到女性和运动服装上。为了满足女性消费者的需求，时装设计师与运动装品牌合作推出了功能性强、时尚设计感强的运动休闲装。同时，运动休闲装的流行也影响了高端服装市场的发展，高端服装市场注重采用精湛的工艺、新型面料和创新技术以满足消费者的需求。高端服装市场的消费者较少关注商品的价格，而更愿意购买功能与美观兼备的产品，以展现他们积极的生活方式。

运动服装作为近年来人气暴涨的服装品类，日益流行。本章首先对运动服装进行了定义，随后介绍了运动服装的种类以及不同地区的运动服装市场概况，最后总结了影响运动服装购买意愿的关键因素。

1.2　运动服装的定义

通过对现有文献的检索发现，运动服装的广义定义为"服装的设计目的与运动

1

相关联"[1]，因此，广义上运动服装即为休闲装与便装间的过渡服装。根据《牛津词典》，运动服装是一个名词，其定义为"适合运动或锻炼的休闲、舒适的服装"[2]。如今运动服装通常指为特定体育活动而设计的服装，这些活动可以在户外、室内或水中等进行，如竞技活动、体能训练、水上运动、滑雪和体操等。较为流行的运动服装类别包括紧身裤、田径运动服装、高尔夫服、网球衫、骑行短裤和紧身衣。这些适用于不同体育运动的服装在普通服装的基础性能之上，专门为其用户设计特定性能或功能[3]。

运动服装的另一种定义是参加体育活动或运动时穿着的服装[4]，然而由于时尚与健身的融合，现今运动服装也被认为是生活休闲装，其越来越多地用于日常购物、上班等活动[5-6]。霍顿（Horton）、费列罗－瑞吉（Ferrero-Regis）和帕耶恩（Payne）将运动服装描述为当代时尚服饰的一种形式，它标志着身体健康与致力于改善自我休闲的生活方式[7]。工作或娱乐时穿着运动服装，意味着运动服装的休闲化。

运动服装根据市场而迎合男女老少的需求，这个市场具有多元化特点并还在不断扩大，运动服装的新品牌也层出不穷。

运动服装也可根据其功能需求进行分类，根据运动活动的激烈程度，划分为三个等级：

（1）轻强度：指适用于瑜伽、散步等温和项目的运动服装，在运动服装市场中占有较大的份额。

（2）中等强度：指适用于较为激烈活动的服装，如骑行、快走、慢跑、跳舞、网球、抗阻训练和举重。

（3）高强度：指适用于非常高强度和具有攻击性活动的服装，如足球、拳击、自由搏击、长曲棍球、曲棍球、排球、篮球、耐力运动和交叉训练等。

现在运动员都注重采用交叉训练（即各种不同的锻炼）以提升自己的能力。交叉训练使运动员能够适应多种不同类型的健身环境，以及使不同身体部位均得到锻炼，这种训练方法旨在提升人体的稳定性、耐力和力量等各方面的能力。交叉训练是一项核心力量增强与调理计划，而并非某项特定的健身计划，其旨在对心血管／呼吸耐力、耐力、体力、柔韧性、力量、速度、协调性、敏捷性、平衡性和准确性等 10 个健身领域进行体能优化[8]。交叉训练是为了提高完成所有体能任务的能力，其提供了广泛的运动范围，为不同的运动表现以及选择合适的运动服装奠定了坚实的知识基础。高端市场上的高性能运动服装主要集中体现在其技术上的先进性，它们不仅能提供高性能和舒适性，还能适应顾客的生活方式。

1.3　运动服装的种类

运动服装可划分为不同的运动专用产品。图 1.1 为不同类型运动服装的简图示例，其显示了每类运动服装的基本设计元素，但它并非同时包含男款和女款。下文将对这些运动服装实例进行简要说明。

露腹短上衣［图 1.1（a）］：男/女性无袖或短袖上装，其较短的版型使人体上腹部露出[9]，它可以根据体育活动的类型采用宽松或紧身款式。

运动文胸［图 1.1（b）］：女性消费者最重要的运动服装品类，其旨在用于控制乳房的过度活动，减少剧烈运动时对乳房造成的伤害。支撑性与舒适性是运动文胸的两个重要设计因素，运动文胸主要具备控制乳房过度活动、热湿管理，以及在运动时舒适地支撑乳房这三大功能。运动文胸的外观与普通文胸或拉罩式文胸相似，此外它们通常采用抗菌性材料[10]。

瑜伽服［图 1.1（c）］：旨在为人体提供柔韧性、全面覆盖性、挤压性（使人显瘦），以及吸湿性和抗摩擦性等性能增强的功能。瑜伽服通常由吸汗上衣（如汗衫或背心）和为人体提供足够拉伸性与挤压性的瑜伽裤组成[11]。

运动裤/紧身裤［图 1.1（d）］：长度通常及膝盖或及脚踝，常由皮或帆布等材料制成，其前期用于军用和工作服[12]，在运动领域最初用于普拉提等瑜伽活动，现在常作为男女性的时尚服装。紧身裤的材料通常由聚酯或尼龙制成，其中氨纶的成分含量较高。

泳衣［图 1.1（e）］：专为从事水上活动或水上运动的人所穿，如游泳、潜水、冲浪或在阳光下使用，其范围包括连体式泳衣与两件式比基尼。连体式泳衣起源于 20 世纪 30 年代，可采用露背或露腿式裁剪[13]。20 世纪 40 年代，路易斯·里尔德（Louis Rétard）发明并命名了比基尼，其分别在 20 世纪 50 年代和 60 年代在欧洲和美国盛行[14]。

田径运动服［图 1.1（f）］：20 世纪运动员所穿的两件式服装，由长裤和外套组成，外套前中常设有拉链，采用长袖以及松紧带式束腰，材质采用较厚的棉或合成纤维；裤子在腰部和脚踝处采用松紧带。20 世纪 70 年代随着运动服装的盛行，其成为流行的女性休闲装[15]，很多人在慢跑等体育锻炼时穿着。

骑行服［图 1.1（g）］：由运动衫和紧身短裤组成，后来发展为连体式骑行服，可以为职业选手提供更好的防风性能[16]。

潜水服［图 1.1（h）］：供水肺潜水员使用，躯干采用泡沫保温材料，可以在深水潜水时实现体温调节。潜水服通常需要覆盖颈部至脚踝，并由轻质防水材料制成，从而使穿着者在水中获得更大的浮力和速度，在竞技游泳时需要穿着潜水衣[17]。

滑雪服［图 1.1（i ~ k）］：有两种不同类型的滑雪服，一种是冲浪服，即普通泳衣外加防风衣，旨在为用户提供足够的防风能力；另一种是用于极冷环境下的滑雪，其可采用连体式或分体两件式，也称为防雪服或雪地摩托服。

（1）防雪服采用连体式或分体两件套式，并配有兜帽，覆盖身体至手腕脚踝，通常由婴幼儿穿着[13]。

（2）雪地摩托服是一种套装，并带有附加功能，如前胸可扣合式口袋、手臂反光条或自织腰带[13]。

滑雪者需要穿上厚重的外套或夹克，并佩戴手套与滑雪靴。雪地夹克具有防风、轻巧以及可压缩的特点，通常采用鹅绒或鸭绒作为保温材料[13]，也可采用尼龙或聚酯纤维等合成纤维。另外在滑雪时作为第二层皮肤的内衣也很重要，其需具备良好的吸湿排汗功能，以使穿着者保持干燥。滑雪作为一项花费高昂的冬季运动，滑雪装备可非常复杂，其成本很高。

紧身衣［图 1.1（1）］：莱奥塔尔（Leotard）紧身衣是以 19 世纪法国杂技演员朱尔斯·莱奥塔尔（Jules Leotard）名字命名的体操服，他使这种服装流行起来。Leotard 紧身衣采用连体式覆盖上半身、手臂以及大腿上部，通常采用扣式裆部[13]。Leotard 紧身衣需要贴身以利于身体运动，但不能过于紧身以免影响其性能，Leotard 紧身衣通常由杂技演员、舞蹈演员或体操运动员等穿着。

网球服［图 1.1（m）］：1920 年法国网球运动员苏珊·朗格伦（Suzanne Lenglen）在温布尔登网球赛上推出了短式、及膝、无袖的网球服[18]。网球服为套装式，可提供连衣裙、短裤、毛衣、鞋子等不同选择。对于职业网球运动员而言，网球服通常需具备良好的吸湿性。

高尔夫球服［图 1.1（n）］：类似于网球服，但上衣采用马球（Polo）衫式领口，其需配备防滑的高尔夫球鞋，以使球员在挥杆时仍然保持脚踩地，在当地面潮湿时能够防止球员滑倒。高尔夫球手套具有抓力，且高尔夫球帽可以保护高尔夫球员的眼睛不被阳光照射[13]。

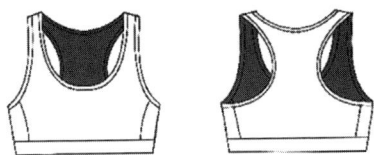

(a) 露腹短上衣

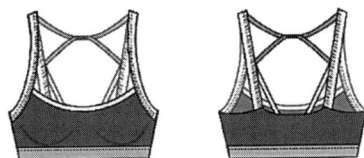

(b) 运动文胸

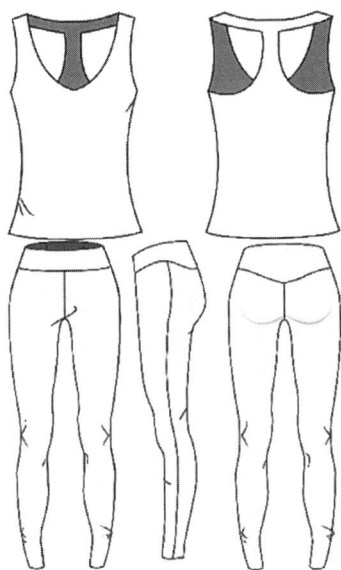

(c) 瑜伽服

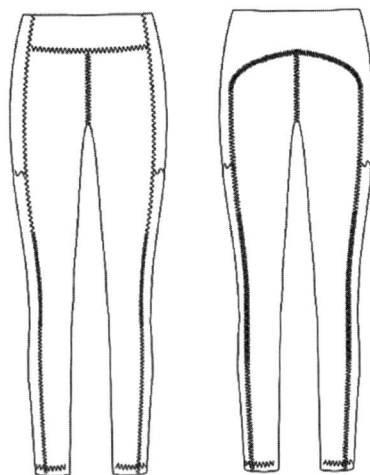

(d) 运动裤

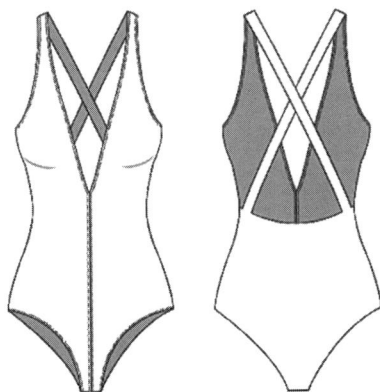

(e) 泳衣

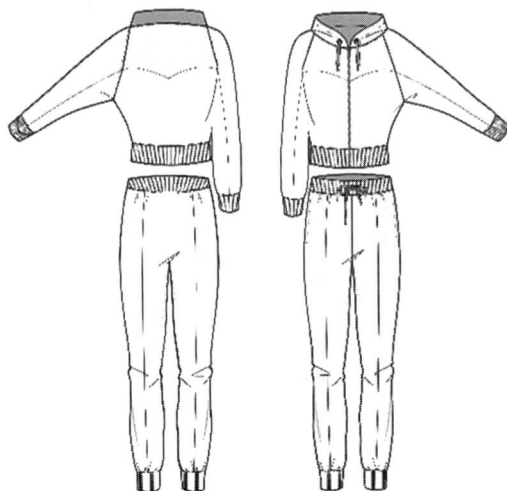

(f) 田径运动服

图 1.1

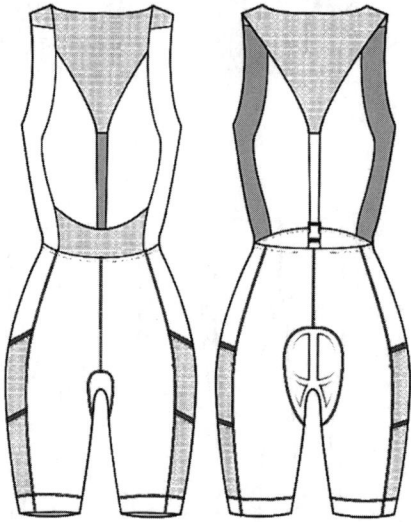

(g) 骑行服

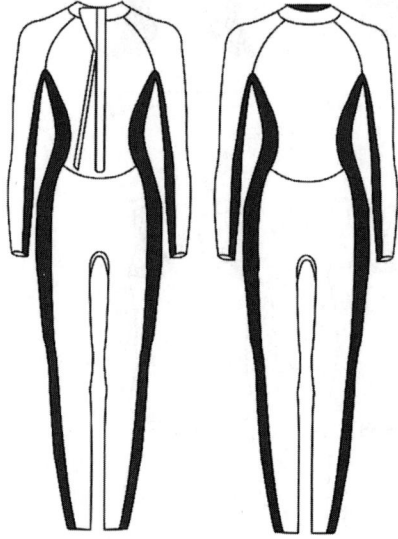

(h) 潜水服

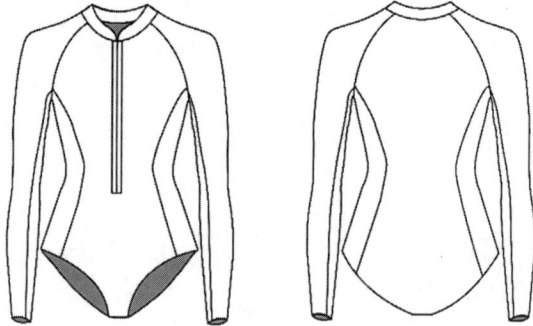

(i) 滑雪服(冲浪服)——水上运动

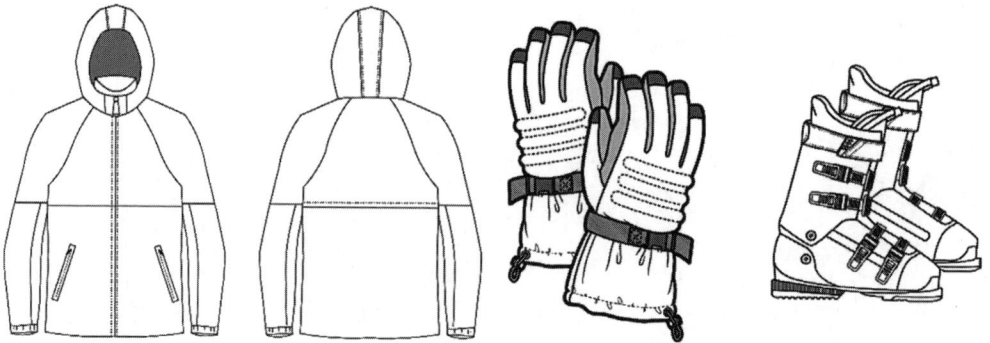

(j) 滑雪服的外套、手套、靴子——冬季运动

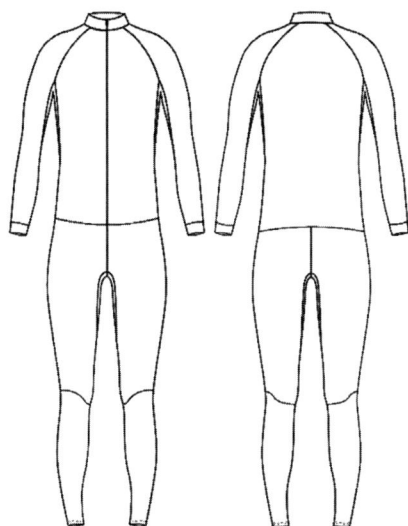

(k) 滑雪服的贴身内衣——冬季运动

(l) 紧身衣　　　　　　　　　　　(m) 网球服

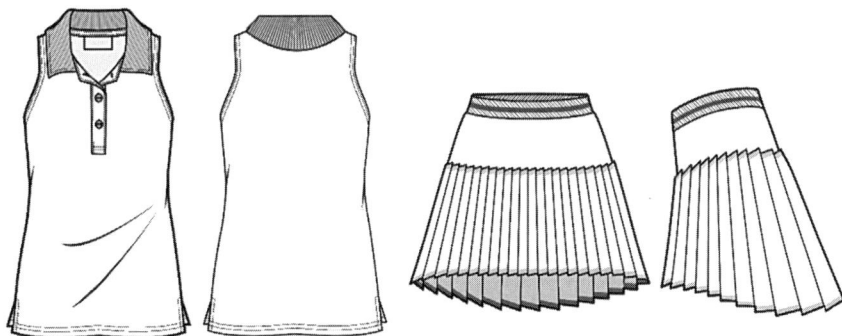

(n) 高尔夫球服

图 1.1　不同类型运动服装的产品简图

1.4 运动服装市场概述

根据全球领先信息公司集团（NPD Group）最近发布的一项名为《服装未来》（*The future of apparel*）的研究报告显示，截至 2018 年运动服装占服装行业总销售额的 24%[19]。莱美（Les Mils）于 2019 年发布了全球消费者健身调查报告，该报告对 22 个国家进行了在线调查，共收到超过 16000 份反馈结果，报告显示健身俱乐部会员的平均年龄为 36.4 岁，而新会员的平均年龄为 30.2 岁。据估计 20 多岁和 30 多岁的人占世界人口的三分之二，他们将主导消费市场，因此企业在开发产品时必须考虑这类人群[20]。这类人群进行健身的主要目的是保持身材，让自己看起来更好、更强壮以及让生活富有乐趣和力量[20]，他们的生活方式已经转变为关注健康以及推动健身潮流。

运动服装已经超越了运动的范畴而成为一种时尚，运动休闲服的普及改变了人们对健身时尚的看法。功能性的瑜伽裤、运动裤、连帽衫等运动服装现在已经兼具时尚性与功能性，受到了男女时尚人士的青睐。现在运动休闲装的消费者是时尚零售业最大的目标市场，他们在这一领域具备较好的购买力，因此运动服装所占据的市场份额很大[19]。

统计学家消费者市场展望（Statista Consumer Market Outlook）提供全球消费市场表现指标，目前其网站服装门户中特别关注了"运动和泳装"，以迎合女性服装行业在这一领域的最新发展。事实上，女性消费者的品牌意识越来越强，这是因为运动品牌为了获得更大的曝光率以及影响力，创造了多方位的广告，使得时尚博主以及普通大众均在讨论这些品牌。运动品牌通常与快时尚品牌合作或采用设计师品牌的独家系列，或与当地具有国际影响力人士建立公众关系。

据特雷菲斯（Trefis）研究公司的数据显示，近年来运动服装的销售额持续成倍增长[21]。

图 1.2 为 2016 年各国的运动服装和鞋类市场价值[22]。毋庸置疑美国是主要的运动服装和鞋类市场，其 2016 年的估值约为 1026 亿美元，此外，其他重要市场还包括中国、日本、德国、英国、法国、意大利、巴西、韩国和印度等。

图 1.3 为 2016 年按产品类别划分的全球运动服装和鞋类市场价值[23]。在运动服装与鞋类市场中，具备特定性能的服装仍然保持着最大的市场份额，但品质优良的运动装也在快速增长。运动休闲服作为新的发展趋势，目前仍无法满足消费者的

需求，市场上几乎每天都会推出与运动休闲相关的新业务，其不仅限于成熟运动品牌与年轻设计师，还有零售商的自有品牌也在向这个市场进军。

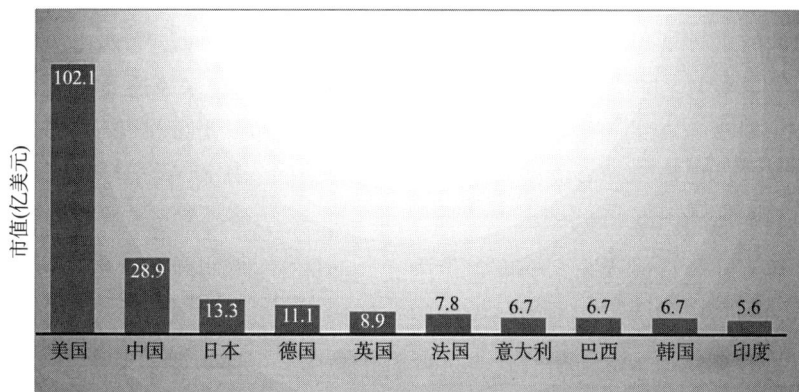

图 1.2　2016 年各国的运动服装和鞋类市场价值

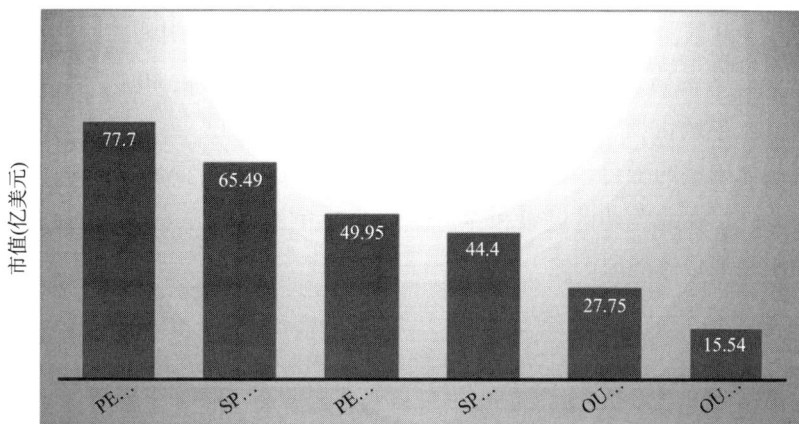

图 1.3　2016 年按产品类别划分的全球运动服装和鞋类市场价值

全球运动服装行业高度分散，从采用打折销售的品牌到高端时尚品牌，许多品牌都在竞争，即使是成熟品牌也必须努力才能维持其市场份额。消费者需要配备更多功能的运动服装，这意味着零售商将继续为男女消费者提供多样化的新品运动服装。

1.4.1　北美洲市场

由于消费者购买模式转变以及领先品牌零售方向转换等一系列外部因素的综合

影响，美国运动服装市场正在经历一场前所未有的变革。根据美国国家棉花协会的棉花公司于 2014 年发布的以运动服装为重点的统计报告显示，对于主体消费者而言，运动服装的实用性正在淡化，而以非运动为目的的服装销售额翻倍[24]。

此外造成这种现象的关键在于全球健康和健身意识的不断增强，而运动休闲服的销售业绩与受欢迎程度也反映了这种趋势，这让公众越来越愿意接受运动服装，并将其作为时尚衣橱的重要组成部分[25]。功能服装和鞋类的销售增长反映了随着消费者越来越多地通过健身来塑造自己的个性，他们将优先在运动上花费时间，并确保其配备合适的服装与装备。

大多数人在假日或周末常会穿着休闲装，而休闲装即为舒适服装，因此运动休闲装也被认为是休闲装。北美市场以休闲装的增加为转折点，此时典型的牛仔裤或花裙等周末装正在被运动装所替代，为此越来越多的品牌开始打造自己的运动服装系列，而针对部分希望成为健身潮流的受众人群，在他们的衣橱中加入瑜伽裤或其他运动休闲元素。北美市场的这种现象重新定义了运动休闲装，运动休闲装的时尚性超越了其功能性[26]。

纵观北美地区服装生产商之间的密集竞争以及对运动休闲装的狂热投资，加拿大运动服装零售商露露乐蒙股价从 2018 年到 2019 年增长近 80%，2018 年第三季度的营业收入净额也增长 21%，达 7.477 亿美元。由此可见，北美地区的趋势表现为运动装与休闲装的融合，即运动装不仅仅具备功能，还融入高端时尚元素以使产品升级。此外，在北美地区健康和养生也是优先考虑的问题，这也是其成为全球最大的运动服装消费体的原因之一。

1.4.2 英国市场

英国市场快速发展并日渐成熟以满足消费者的需求。根据对 2013 年至 2016 年女装与运动 / 休闲装的市场变化研究发现，女装仅有微弱增长，而在 2014 年 5 月 11 日至 2015 年 5 月 10 日的一年时间里，运动服装经历了 15.11% 的增长高峰[27]。自 2015 年以来英国的服装与鞋类市场一直保持稳定增长，2019 年其价值为 77 万亿美元[28]。

来自乐天营销（Rukuten marketing）的研究结果显示，2000 名伦敦消费者中购买运动服装的单次最高额度已经从 141 英镑增加到 187 英镑，而且该额度在整个英国还在继续增长。在 2018 年 47% 的人表示运动鞋是他们购买的最贵运动装备，另外有 29% 的人在服装上的花费更多[29]。跑步运动对消费者购买决策的影响最大，其中近五分之一的消费者（19%）购买的是与跑步运动相关的产品，跑步运动尤其在年轻一代中非常受欢迎，乐天营销的调查显示有四分之一的年轻人（24%）表示跑步运动对他们的运动服装购买决策产生了最为重要的影响[30]，紧随其后的是在健身房锻炼（16%），这一选项在 16 岁至 29 岁增加至 25%，但 60 岁以上的人减少至 9%[29]。44% 的近半受访者表示，在过去一年中他们增加了运动服装的支出，其中有四分之一的受访者将大部分收入用于运动休闲用品的消费。增长程度最大的是青年市场，即 16 ~ 29 岁的人群（57%）以及居住在伦敦市区的人群（54%）。即使有四分之三的受访者表示他们最可能出于实用原因选择运动装，但很多人已经习惯于在健身房之外穿着运动装。近半数的受访者认为运动装是休闲装，偶尔也会穿着运动装进行锻炼，而西装或商务休闲装或许并不是他们在办公室的唯一选择，运动装也开始出现在办公活动中[29]。

1.4.3　中国市场

中国市场的增长得益于政府对运动发展的政策支持，例如参加世界级赛事或推广健康的生活方式。为扩展年轻人的市场，政府在体育方面进行投资并聘请娱乐明星为体育代言，此外政府对体育赛事的赞助也提高了运动服装的销售额[30]。

图 1.4 为 2016 年中国运动服装市场不同品牌的细分情况[31]。在 2018 年的双十一购物节期间，阿里巴巴旗下的阿里体育分公司公布销售额为 2940 亿元人民币（4300 万美元），在这些销售额中女性的贡献占比高达 43%，高于 2017 年的 33%[32]。

作为国产品牌，李宁从零售羽毛球器材发展成了如今的运动商品综合零售商以

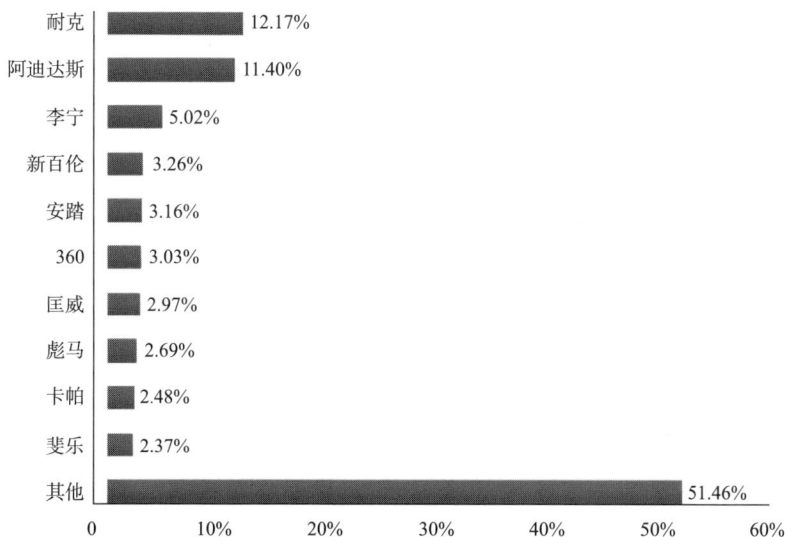

品牌	占比
耐克	12.17%
阿迪达斯	11.40%
李宁	5.02%
新百伦	3.26%
安踏	3.16%
360	3.03%
匡威	2.97%
彪马	2.69%
卡帕	2.48%
斐乐	2.37%
其他	51.46%

图 1.4　2016 年中国运动服装市场品牌细分

及新兴的时尚品牌，随着时间的推移，其市场份额也发生了变化。2017年李宁将品牌重新定位为运动与时尚兼备的服装，它所采取的最有成效的举措即签约中国关键意见领袖（KOLs）或名人为其代言人，在城市中推广运动[33]。2018年李宁运动品牌在纽约时装周上的亮相，标志着本土运动品牌正在占领时尚界，并将"运动休闲"塑造为21世纪新的时尚潮流。

微博是中国非常受欢迎的社交媒体平台，可以通过观察运动服装品牌的在线粉丝数量来衡量其受欢迎程度。截至2018年2月，李宁、361°、安踏这三个本土品牌在微博上的粉丝数量分别为62.7万、32.9万和8.7万[34]。

中国人对运动服装的购买意愿不仅反映了国人对健身的追求，更加反映了他们对积极生活方式的追寻[32]。当消费者转向更为健康的生活方式或沉浸在这种生活方式中时，中国品牌与国际品牌间的竞争已经升级，本土品牌旨在转型以便与国际对手竞争。虽然中国的运动休闲市场尚处于起步阶段，但粒子狂热这一品牌已经成为行业领导者。该本土品牌采取了极具创意的营销和品牌推广模式，他们强调穿着运动文胸、紧身裤和跑步短裤并不仅仅是为了功能性，也是为了时尚感和潮流感。粒子狂热的品牌定位为设计师概念店，这刚好满足了现代中国消费者的需求，也正是因为他们采取了如此明智的品牌战略，才能使其与国际同行竞争[35]。

1.5 影响运动服装购买意愿的主要因素

传统意义上消费者认为购买运动服装最应关注其功能性，然而由于人们对产品、风格、面料和颜色的需求不同，消费者对运动装的需求也变得多样化。运动服装行业可以从该趋势中得到启发，零售商可以针对消费者需求提供兼具功能性与设计感的产品来扩大市场，从而使消费者能够选择符合其设计偏好与身体需求的特定类型运动服装。本节旨在阐述影响运动服装购买意愿的关键因素。

运动服装是为了具有积极生活方式而穿着的服装，由于它可以实现从运动到休闲的过渡，所以这类服装迅速成为男女性的目标市场。"运动服装"一词最早出现于1916年《时尚》（Vogue）杂志上[36]，其与当时有氧运动的盛行和健身装备的发展有关。如今运动服装作为通用术语，其并非仅与某种运动有联系，然而对于营销人员而言，识别影响目标市场行为的因素仍很重要[37]。了解运动服装是如何融入人们的生活，以及人们对体育活动偏好的变化将有利于运动服装行业的发展。

瓦茨（Watts）和池（Chi）针对影响美国消费者运动服装购买意愿的关键因素

进行了实证研究，结果显示态度和知觉行为控制对运动服装购买意愿具有显著的正向影响[38]。同时，以往运动服装购买行为及健康生活方式也有助于消费者以积极的态度购买运动休闲服。他们的研究结果还表明，若美国消费者对非运动环境穿着运动服装持积极态度，他们则更有可能因休闲原因而购买运动服装。该正向关系与以往服装购买意愿的研究结果一致[39-41]。因此，随着消费者对运动服装消费资源（如金钱、时间和信息）的行为控制能力增强，以及在非运动环境穿着运动服装的信心提升，美国消费者对运动服装的购买意愿增强。

相反，生活中的其他主要人物（如家人、朋友和同龄人）对运动服装的消费观点和认知并不会对其购买决定造成显著影响。这种对其他人意见的淡化现象，说明运动服装的购买行为由自我意识所决定。瓦勒朗（Vallerand）、德赛（Deshaies）、柯里尔（Cuerrier）、佩列蒂埃（Pelletier）和蒙格奥（Mongeau）认为，主观认同在该领域内是一个较为生疏的概念，因此它对购买意愿的影响较小[42]。

在运动服装消费市场中人们的偏好存在差异，因此在市场细分时并非简单地使用人口学细分，而是使用心理学细分用以识别、理解以及更好地实现服装市场的细分。许多品牌利用心理学进行细分，根据不同需求（运动需求抑或是时尚需求）将品牌到门店的产品进行分类。

此外，运动服装品牌广泛应用基于心理学属性的品牌个性，即消费者购买产品不仅是为了产品的功能，更是为了产品的形象[43]。品牌为产品赋予了独特的个性，以增强产品的差异化以及体现消费者的特质。因此，品牌传播既要契合主题和信息，又要具有较高的影响力，从而强烈地反映出品牌所需向消费者传递的品牌个性。

消费者对运动服装的态度与其创新性、合体性、耐用性、设计感、舒适性和多功能性有关。下文将对各方面进行简要介绍。

1.5.1　创新性

运动服装是科技进步的结晶，体现了现代人对健康的追求，反映了健身时尚与办公装的相互融合。消费者在运动时渴望具有新功能、小配件以及更高安全性的运动服装，并且也相当愿意为高性能运动服装支付昂贵的费用，这些都是运动服装创新背后的驱动力。随着运动服装公司的不断创新，运动服装的价格也随之提升。

丹麦纺织行业的历史表明，20 世纪 50 年代和 60 年代欧洲运动服装业的大幅扩张与新材料的发展步调相吻合，这个时期恰好是适用于运动服装的合成弹性材料的发展期[44]。1938 年开发了第一种合成纤维尼龙，而在 20 世纪 50 年代到 80 年代其他合成纤维及其相关品牌如奥纶（腈纶）、莱卡（氨纶）、特丽纶（涤纶）、特达

（锦纶）和氯丁橡胶（合成橡胶）等也相继出现。莱卡弹性纤维（氨纶）最初发明于 20 世纪 50 年代末，而在 20 世纪 80 年代初出现了健美操、爵士芭蕾和健美等新式健身活动浪潮，莱卡弹性纤维被时装和运动服装设计师所广泛采用。

如今，运动服装所使用的合成纤维纺织品不仅具备吸湿、耐磨以及调温功能，而且还能满足造型上的需求，尤其是自 20 世纪 70 年代以来，服装造型变得更为多样化以及专业化。如意大利、日本和巴西等提供了各种不同功能的高端面料，这些新型面料的使用也能凸显品牌及系列的独特性。第三章将介绍新型纤维和面料在运动服装中的应用实例。

1.5.2　合体性

合体性是影响消费者运动服装购买决策的最重要因素之一。不同的体型、身体形态以及运动类型对合体性的需求不同，运动服装的合体性也会影响其透气性、吸湿性等功能，此外运动服装必须合体才能使运动员在运动时不必对其进行调整。设计良好的运动服装能够完美地与使用者体型相契合，并在整个运动过程中保持安全、牢固和舒适。因此，基于舒适和安全需求，运动服装的合体性十分重要。

克里斯托（Christel）和邓恩（Dunn）针对美国 5500 多名女性进行了抽样调查，调查结果显示自 2016 年以来，美国女性的平均尺码普遍从 14 号转变为 16 号，在过去 20 年里，平均腰围尺寸由 34.9 英寸❶增加至 37.5 英寸，增加 2.6 英寸。为了应对这种体型的变化，许多运动品牌也纷纷将尺码范围扩大到 22 码或 XXL[44]。因此至少于美国而言，这些变化不仅让美国人对"平均"尺码进行了重新定义，而且让女装零售商重新思考如何设计、营销和销售服装，以减轻未来消费者的购物体验压力及扩大消费者的选择范围。

未来运动休闲用品将朝着更加多元化的方向发展，小品牌的出现将迎合小众需求，而大品牌的转变则将适应消费者生活方式的变化[45]。为体现品牌的开放性与包容性，为消费者提供各种尺寸的服装已经变得至关重要。

1.5.3　耐用性

与快时尚产品不同，购买运动装的人往往追求品质，更加关注对环境的影响。由于快时尚的零售速度很快，其被认为是造成服装浪费的常见及重要因素，因此在运动服装中使用高端面料显得非常重要，这不仅确保了产品的质量，而且更具有可

---

❶　1 英寸 = 2.54cm。

持续性。易（Yee）和西迪克（Sidek）的研究认为品牌忠诚度因子（品牌名称、产品质量、价格、款式、促销、服务质量和商店环境）与运动服装品牌忠诚度之间存在显著的正相关关系[46]。

相比之下，纤维材料的类型、纱线或织物结构的修改或先进的整理技术，如超声波焊接、层压等先进的后整理技术也可提升服装的物理性能，使其寿命得以延长。因此即使运动休闲服的价格提升，也能让消费者感觉物有所值，从而高度刺激消费者的购买意愿。

1.5.4　设计感

如今运动服装不仅需要具备功能或合体性等典型特征，而且还需要具备良好的外观。NPD 集团开展的一项研究表明，搭配跑步和休闲运动装的运动鞋销量分别增长了 39% 和 24%[47]，由此可以看出，对美学和附属品的需求与运动服装增长同步。

美国作为运动产品销售的领先市场，其运动服装和鞋类销售稳步增长，这可能与目前市民更加积极地参与运动锻炼的态度有关。此外，名人与运动品牌合作已成为当今街头时尚或即日商品的趋势。

1.5.5　舒适性

美国棉花公司为了给从业者和学者提供有关全球棉花的信息而开展各类研究与调查，该公司于 2014 年进行的一项调查表明，通常价格是消费者在购买服装时考虑的第三大因素，但是对于运动装而言，价格因素下的重要性降至第六位[25]。消费者对运动服装价格的重视程度较低，也意味着零售商和品牌商更倾向于为该类商品设置更高的定价，并从中获取更大的利润，然而这种高价格的维持取决于他们能否满足消费者对运动服装舒适度的需求。

调查显示，近半的受访者（42%）认为运动服装的舒适性最为重要，随后是合体度（16%）、透气性（15%）以及款式（14%）[25]，近四分之三的受访者表示在非运动时穿着运动服装的原因在于其舒适，大多数人（53%）认为棉纤维最为舒适，而选择尼龙（11%）与聚酯（10%）等合成纤维的比例较低，究其主要原因是这类服装穿起来不舒适[24]。

1.5.6　多功能性

早期穿着运动服装的主要目的是保护着装者免受周围环境的影响，随着时间的推移以及科技的进步，对运动服装的需求不仅在于其保护功能，而是其具有多功能性。

例如，纤维间空隙为微生物的生长提供了温暖潮湿的环境，导致穿着者在出汗后产生异味以及细菌生长，因此抗菌性和抗异味性是运动服装的常见功能需求。此外，在滑雪、单板滑雪和雪橇等运动中常涉及极端天气，运动服装必须具备防风、防雨、防雪等功能，而在远足、钓鱼和打猎等户外活动中，运动服装需要具备抗紫外线、防污和防水等功能，以保护着装者免受周围环境的影响。因此，建议厂商向消费者提供产品特征及属性的相关信息，以帮助消费者在购买运动服装时做出明智的决定。

1.6 结论

作为近年来唯一经历销售增长的服装类别，运动服装越发受到消费者的青睐。本章首先对运动服装的定义进行了阐释，其次概述了世界上不同地区的运动服装市场，最后回顾和总结了影响运动服装购买意愿的一些关键因素。需要注意的是，传统上消费者将功能性视为运动服装最重要的购买标准，然而目前消费者的需求正逐渐变得更加多样化，运动服装的创新性、合体性、耐用性、设计感、舒适性和多功能性是多年来影响其购买意愿的重要因素。近期某些品牌采取了非常富有创意的营销和品牌推广策略，即强调运动服装不仅应具备功能性，还应兼具时尚感和潮流感。很多运动品牌都选择与名人或时尚设计师合作推出限量系列，以提升顾客的购买意愿，另外组织马拉松或训练营等活动，或通过社交媒体提供特定训练，也会提高运动服装的销量。

总之，本书旨在为读者介绍与设计开发、材料选择和运动服装制造有关的新技术，为设计师设计兼具功能性、舒适性与时尚性的运动服装提供信息，满足服装与时尚产业的标准需求，最重要的是让下一代了解运动服装需求以及运动服装中所融入的现代元素。

===== 参考文献 =====

扫码查看本章参考文献

第 2 章　运动服装的设计与创新

尼科·刘（Nico Liu）

时装及纺织学院，香港理工大学，红磡，香港，中国

2.1　引言

运动服装不仅能够满足人们的生活需求，而且还能满足人们的功能需求。在满足生活需求方面，运动服装能够使人体活动自由、轻便，以及能够通过采用不同的功能材料、服装造型来调节衣下温湿等[1]；在功能方面，运动服装能提高运动成绩及提供更优良的舒适度。目前一些服装品牌不仅了解消费者和运动员的需求，为他们提供创新性解决方案，而且还将时尚元素融入运动服装设计中，以满足不断变化的市场需求。现在的消费者需要兼具时尚感的运动服装，使他们能够从体育锻炼到社会生活和工作活动之间实现无缝切换。通过在运动服装中增添更多的时尚元素，消费者可以在多个场合中穿同样的衣服，而不需要在其他场合将运动服装替换[2]。澳大利亚的运动服装饰品牌"女性的生活"（Female for Life）最近进行的调查表明，发现如果运动装备穿着舒适且能够美化消费者的身材，大多数女性更愿意进行运动[3]。他们的调查结果进一步证明了功能性及舒适性在运动服装设计中的重要性。

长期以来，在体育业一直影响着时尚潮流的情况下，最初作为体育运动的功能性服饰如今已迅速成为人们日常衣橱中的主要产品[4]。运动服装普遍流行的原因是人们健身及运动兴趣的提升，以及工作场所的休闲化[5]。运动服装的流行性以及盈利能力吸引了众多时尚品牌，他们通过推出相关的运动服装系列进入该市场，这些品牌已经开始将功能性运动服装及其相关时尚元素融入服装设计中，最终导致了时尚运动服装的激增[6]。大多数人会认为运动服装不再是跟随潮流或仅为一类功能性的产品，事实上男女性的运动服装均需要平衡功能性与时尚感，从而在运动服装市场上占有一席之地。

运动服装市场上的品牌包括"功能性品牌"和"时尚品牌"两大类。前者包括

了如耐克、阿迪达斯、安德玛、彪马和露露乐蒙等知名品牌[7-8]，在本章的下一节中，将以这些品牌的部分产品作为实例进行说明；后者包括零售业中一些最受欢迎的时尚品牌[9]，它们的运动服装系列产品也将在之后章节中进行阐述。最后，本文也将对某些内衣品牌的创新运动服装产品进行讨论，例如维多利亚体育（Victoria Sport）和华歌尔（Wacoal CW–X）。

2.2 功能性品牌的创新产品

彪马是一家德国运动鞋和休闲鞋类设计制造商，自 1948 年以来一直提供创新性产品。彪马著名的产品线［例如表现（Performance）系列的服装和鞋类）］就是专为跑步和足球运动而设计的[10]。彪马的座右铭是："不是为了创造而创造，而是以科学为基础，提升体育水平并不断向前发展。"[11]

彪马公司于 2014 年推出了夜跑动力（Nightcat Powered）系列夹克，主要专为夜间跑步运动者而设计，通过提升跑步者的夜间可识别度以增强其安全性[12]。与普通反光类夹克所不同的是，彪马将发光二极管（LED）灯融入了夹克，并配备了蓝牙功能以使手机可以对发光灯管进行控制，这为用户提供了跑步"搭档"。这件夹克不仅保护了着装者的安全，而且还让用户在跑步时能够与其他跑步者取得联系[12]。该夹克在背部与手臂部位安置了柔性、无刺激的光纤电缆，手臂口袋部位为可拆卸及可充电的 LED 单元[13]。此外，夹克背部设有激光切割的透气孔，以便更多的空气进入蓄热区进行循环。该夹克袖子的设计可以保证穿着者跑步时的合体度及自由度。图 2.1 所示为彪马夜跑动力夹克及其设计细节[11]。

彪马公司于 2016 年推出了超能力雷神（EVO TRG）足球夹克衫，其具备动态的温度调节能力，可以实现运动员的体温调节。这件夹克衫采用含有弹性网面的全新通风系统来适应着装者的运动方式，以期提高运动成绩[12, 14]。为实现体温调节，在着装者运动时，夹克衫上的通风区域会打开，并使冷空气进入而暖空气流出（图 2.2）[12]。在夹克衫研发过程中，彪马公司分析了人体显著的产热区，以及运动过程中服装的运动和拉伸部位[12]。彪马公司不仅在设计阶段对 EVO TRG 夹克衫的性能进行了评价，而且还采用热敏相机对其性能进行验证。

露露乐蒙成立于 1998 年，总部位于加拿大，作为更加年轻的运动服装零售商，该品牌已经取得了相当大的成功。最初该公司仅为女性设计瑜伽服[15]，而今其目标人群也包括男性[16]。在收到专业运动员和普通消费者反馈后，露露乐蒙将其设

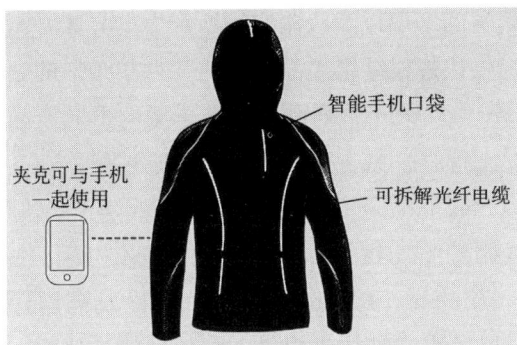

图 2.1　彪马夜跑动力夹克设计细节图

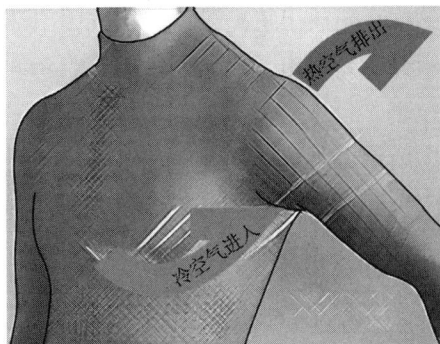

图 2.2　彪马 EVO TRG 夹克衫的通风系统

计范围扩展到了男女瑜伽、自行车骑行等运动领域[15]。他们还提供各种不同类型的运动服装，以及生活服装和瑜伽配饰。露露乐蒙的成功主要在于产品质量及创新[16]，他们有一个名为白色空间（Whitesspace）的专业实验室负责研究，并为新产品开发提供先进的材料与技术[16-17]。

卢昂（Luon）是露露乐蒙品牌中最初为瑜伽服而研制的四维弹力织物[17-18]，其含有很高比例的尼龙超细纤维，从而可以吸走汗液，并且手感柔软，消费者钟情于它的无限拉伸感和弹性回复能力[19]。此外，露露乐蒙还针对炎热气候开发了超薄版本的超轻卢昂；而全面卢昂（Full-On-Luon）为传统卢昂面料的密织版，能提供更好的支撑与包裹性[20]。图 2.3 所示为露露乐蒙的系列瑜伽裤。

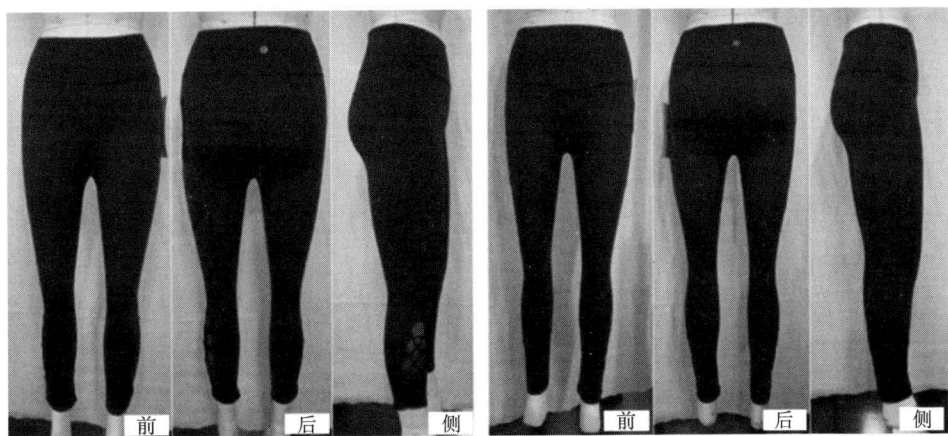

图 2.3　露露乐蒙的瑜伽裤

银光（Silverescent）系列为一种能抵抗异味和细菌的材料[16]。附着在织物上的银会释放出正离子，并抵抗因出汗而繁殖的细菌以及吸附它们所产生的异味[20]。银光系列使用了银离子技术（X-STATIC），让每根纤维表面都被纯度为99.9%的银包裹，且不会因洗涤而使银离子脱落失效[20]。银光系列已在露露乐蒙的不同产品中所使用，包括男女士短袖运动服装、女士背心、男士长袖上衣和马球衫等。

此外，露露乐蒙还开发了"感觉"（Sensations）系列服装，以满足客户对舒适性和支撑感的需求。这些产品包括紧绷感（Tight Sensation）、融入感（Held-in Sensation）、拥抱感（Hugged Sensation）、放松感（Relaxed Sensation）以及裸露感（Naked Sensation），它们采用不同的材料以及服装结构来提供不同的性能，从而在训练中对着装者身体施以不同程度的压力[20]。

2.3　功能性品牌：从功能到时尚

传统而言，功能性运动服装品牌一直与运动员联系在一起，但是由于市场变化，近年来这些品牌在运动服装设计中融入了时尚元素。由于运动服装市场的总体增长，尤其是在女性服装方面的增长，具有领先地位的功能性品牌现今融入了时尚元素。女性需要运动服装产品能够提供更多的颜色选择以及更为广泛的功能，以为她们带来新的样貌和体验。

2.4　时尚品牌：运动服装系列

人们向更为积极的生活方式转变导致了全球运动服装市场的持续增长时尚品牌纷纷进入运动服装市场，加入日益增长的时尚与健身融合的潮流中[21]。时尚品牌需要有足够的可信度来建立以及建设它们在运动装备方面的品牌，即使绝大多数时尚品牌的消费者并不打算穿着运动服装进行体育锻炼，但他们认为时尚品牌必须足够可信，能够提供与经典运动品牌功能水平相当的服装[21]。

2.5　运动休闲服的发展趋势

运动休闲可以简单地定义为一种时尚趋势，它将体育运动与休闲相结合，从而使运动服装不仅限于体育锻炼时穿着，而且能够在学校或工作等其他场合穿着[22]。运动休闲服又称为运动时装。较为常见的运动休闲服包括瑜伽裤、运动文胸、短裤和紧身裤等。

运动休闲服的快速增长在一定程度上归功于时尚行业，具体可追溯至 20 世纪 70 年代，当时健身已成为一项流行的活动。不同品牌着手设计适于体育活动的服装，而莱卡和氨纶等创新性合成材料的使用也进一步促进了这类产品的开发[22]。近年来，随着大众对身体健康意识的日益增强，以及参加体育活动和健身的潮流不断增长，人们对运动服装的需求也不断增加，从而导致了运动休闲服装的普及。如今消费者所寻求的是可以让他们在不同活动间转场却不需要更换的服装，而运动休闲服正可以满足这样的需求，它既不用牺牲服装的流行性以及多样性，同时还能保证其功能性[23]。

运动服装的透气性、速干性、抗菌性、防臭性等独特优势经常受到人们的追捧，这促进了其在全球市场的增长。然而在竞争非常激烈的市场中，消费者往往认为运动服装过于强调技术，而基于美学层面的运动服装产品可能会促使消费者做出最终的购买决定[24]。因此服装公司需在设计阶段考虑美学因素进行创新设计，以满足消费者在功能及感官上的需求[25]。

此外产品的定制与个性化设计也越来越流行，而新技术的应用可以促进其推行。例如，美国制鞋商万斯（Vans）允许其客户从各式设计中选择并创造属于自己的独特鞋子。

运动休闲服的成功即证明了服装正朝着灵活与个性化方向发展[24]。运动休闲服将实用、美观、休闲、运动等不同风格同时进行融合，并兼顾了美观性与着装舒适性[25]。服装的廓型也变得较为休闲，主要的运动品牌以至成衣品牌均已扩展了他们的业务范围，生产了更多的休闲服装，而传统上专注于运动服装的品牌正将时尚元素融入其产品设计中[26]。这表明运动休闲既关乎美学，又关乎健康与幸福。

2.6 结论

随着运动休闲服装的发展，以及当前人们为了健康而在体育活动中投入更多的时间，功能性运动服装品牌、时尚品牌以及内衣品牌纷纷投入更多的精力，运用技术创新在运动服装产品的结构设计和工艺中发挥创意，以提高市场销售量。运动服装产品不仅需要兼具功能性与美观性，而且还要能够满足消费者的需求。如今的消费者在购买健身和运动装备时有了更多的选择，无论是仅为了"运动"氛围或是为了参与体育活动均可得到满足。一些品牌的产品价格相对较高，而另一些品牌则可迎合预算较紧的消费者。价格水平的差异可能与创新投入总量、使用材料类型、生产难易度、品牌知名度以及市场战略等因素有关。即使消费者在价格、功能和美学等方面对运动服装产品有不同的需求，其也能在市场上找到集合了不同元素的产品以满足需求。

参考文献

扫码查看本章参考文献

第3章　运动服装用纤维与织物

叶晓云（Joanne Yip），陈玉荣（Wing-Yu Chan）

时装及纺织学院，香港理工大学，红磡，香港，中国

3.1　引言

如今运动服装除了要具备功能性、舒适性和安全性外，还需要符合日常穿着的潮流性。不同类型的运动服装有着不同的设计要求和终端产品[1-4]。例如，骑行服需要具备平滑的触感和良好的弹性，以提供身体所需的压力，同时还要有良好的吸湿性，以保持皮肤干燥凉爽；而冬季户外运动服装则需要有良好的保暖性能，并且要具备防风、防雨和防雪等功能。

运动服装的吸湿、保温等性能与其所使用的材料密切相关。传统运动服装一般使用棉、羊毛等回潮率高的天然纤维。随着纤维技术的不断发展，涤纶、锦纶和氨纶等合成纤维已经取代天然纤维在运动服装中应用。合成纤维虽然在本质上是疏水的，但它们具有良好的可塑性，可以通过改性获得理想的纤维性能，这也意味着合成纤维可以制成许多不同类型的新型材料。这些材料为不同用途的运动服装提供了不同的性能，在运动休闲服装的设计和开发中发挥着重要的作用。本章将讨论不同消费者和市场对高功能和高性能运动服装材料的需求，并概述最流行和最具创意的运动服装材料。

3.2　运动服装的材料

早期运动服装的主要功能是保护着装者免受环境的影响，随着时间的推移和人们需求的变化，运动服装不仅需要具备保护能力，还需具备舒适性和其他增值功能，如杀菌、抑菌等功能。表 3.1 介绍了现今运动服装的一般要求。

表 3.1　运动服装的一般要求

舒适度的相关指标	增值功能	舒适度的相关指标	增值功能
透气性	抗菌	光滑	防雪
触感凉爽	抗异味	柔软	防污
轻	耐久性	可伸缩性	抗紫外线
透湿性	防雨	散热／隔热	防水／防风

服装的舒适性包括热生理舒适性、触感舒适性和心理舒适性三种类型[5]，对材料的要求多涉及热生理和接触舒适性。热生理舒适性与环境及人体与服装之间的微气候相关。导热性、吸湿性和透气性是服装调节人体热量和水分的关键性能，在炎热天气里，运动服装应该能够导出身体的热量和水分，帮助身体在运动时调节体温，并保持皮肤干燥[6-9]。这些性能可以提高运动服装的舒适性，但不能为着装者在炎热夏天或进行剧烈运动时提供凉爽触感，因此冷感面料被广泛运用于运动服装中。相反，冬季运动要求运动服装具有保暖的基本能力，但皮肤与服装间积累的汗液会降低服装的保暖效果，使着装者感到不适，甚至有体温过低的风险，所以冬季运动服装还需具备排汗功能[10]。

运动服装除了具有热生理舒适性外，接触舒适性也必不可少。接触舒适是指织物与皮肤接触并相互作用时皮肤的接触舒适度，它与织物结构、力学性能和表面性能相关[11]。换言之，接触舒适性就是人体对湿度、温度、触觉和压力的感知[12]。凉热感与潮湿感是一种受温度和湿度影响的感觉，也就是感受到的潮湿、寒冷和炎热等，其也与热生理舒适和体温波动有关。刺痒感与皮肤上的疼痛感受器有关，例如皮肤瘙痒或刺痛时，人体会感到不愉快。压力舒适性与皮肤的压力感受器有关，涉及轻、重等感觉。综上所述，为了提高着装者的触感舒适性，运动服装的面料应该及时排出汗液，保持皮肤干燥（干燥适性）；具有防寒效果以保持着装者温暖舒适（热感舒适性）；织物表面光滑、柔软（触感舒适性）；重量轻并有良好的伸缩性（压力舒适性）以弱化运动时服装面料对皮肤的压力。

除了着装舒适性，运动服装的功能性也很重要。着装者在运动时会产生汗液，而纤维之间的空隙为细菌提供了温暖潮湿的环境，导致运动服装在人体出汗后产生异味，所以一般要求运动服装具有抗菌和防臭功能。此外，在极端天气条件下使用的滑雪服、雪地服、雪橇滑雪服等，还需具有防风、防雨、防雪的功能[13]。徒步旅行、钓鱼和狩猎等户外活动需要长时间暴露在不同环境下，这就要求运动服装具有防紫外线、耐脏和防水功能，以保护着装者免受周围环境的影响。为了使运动服装为着装者提供持久的保护作用，制造材料还需要具有较好的耐久性。

3.2.1　常见纤维类型

棉纤维和羊毛纤维是运动服装生产中最常用的纤维，它们具有良好的亲水性，可以吸收着装者在运动时产生的汗液，此外棉的柔软手感以及羊毛优异的隔热性能还可以使着装者保持温暖。但是它们的回潮率高，很难将汗液蒸发或转移，因此织物上残留的大量水分可能会使着装者感到又热又黏[14-15]。

除天然纤维外，再生纤维在运动服装市场也很常见。再生纤维是将天然纤维材料溶解后，再通过挤压、沉淀等方式再生而成，由于它们通常采用木浆和棉花废料等纤维素材料制成，其大多数本质上具有亲水性。运动服装通常使用黏胶、莱赛尔和莫代尔纤维，它们有类似棉织物的柔软手感，与天然纤维相比，它们的表面更光滑、亲水性更好[16]。

与天然纤维和再生纤维相比，合成纤维的疏水性更好，具有良好的防潮性能。例如，常用于运动服装的涤纶具有优异的疏水性和抗污性，可以保护着装者免受潮湿环境的影响，并且纤维的强度高，具有良好的韧性和耐久性，是生产户外运动服装的理想面料。除了优异的疏水性外，涤纶还是一种热塑性材料。热塑性材料是指在一定高温下软化，冷却后变硬的高分子材料。涤纶的性能会随着形状的改变而改变，它本身的隔热能力不佳，但可以将它加工成中空或卷曲形状，以增加空气含量，增强纤维的隔热性能。其他适用于运动服装的合成纤维还有锦纶、丙纶、腈纶和氨纶[17]，但它们均不可生物降解，大量使用会严重影响环境，所以有利于可持续发展的天然材料是服装生产中不可或缺的。

现如今，消费者对运动服装的功能需求具有多样性，不同种类的纤维混纺面料可以为运动服装提供多种不同的功能，为了满足不同运动服装的需求，市场也在不断推出新型纤维。

3.2.2　新型纤维

3.2.2.1　超高分子量聚乙烯纤维

超高分子量聚乙烯（UHMWPE）是一种聚烯烃，由高占比的平行取向和高结晶度的超长聚乙烯链组成[18]。超高分子量聚乙烯纤维采用凝胶纺丝法或干湿纺丝法进行制备，具有较高的纤维强度。在纺纱过程中，纤维被拉入喷丝口，然后在水中冷却并拉伸成长取向分子链。

霍尼韦尔国际公司所开发的超高分子量聚乙烯纤维称为 Spectra 纤维具有质轻、

强度高、耐磨、耐用等特点。作为凝胶纺丝法制备的超强纤维，其强度比钢铁高15倍，比芳纶高30%～40%[19]，而质量比锦纶、涤纶、玻璃纤维等大多数复合纤维轻。图3.1为防弹纤维及其应用。Spectra纤维的卓越性能使其应用于徒步旅行和骑行等的户外运动服装。

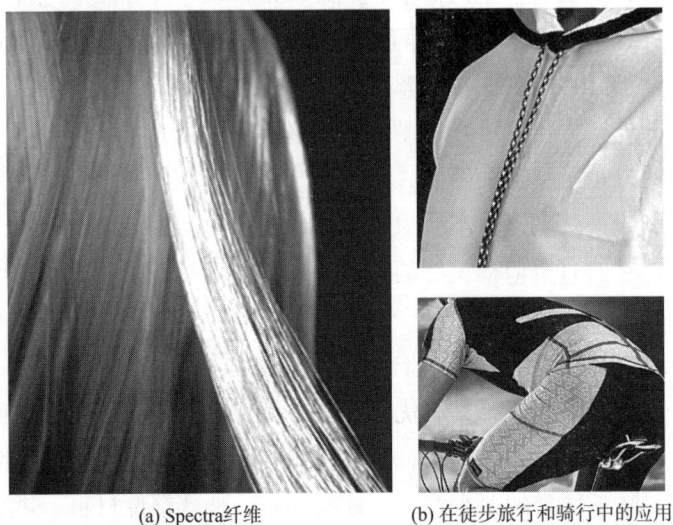

<table>
<tr><td>(a) Spectra纤维</td><td>(b) 在徒步旅行和骑行中的应用</td></tr>
</table>

图3.1　防弹纤维及其应用

帝斯曼集团（DSM）生产的超高分子量聚乙烯纤维被称为Dyneema纤维。与Spectra纤维相同，Dyneema纤维具有非常长的分子链，能够更有效地传递载荷。它的强度比钢铁高15倍，比芳纶的强度高40%。Dyneema纤维具有质轻的特点，可以漂浮在水面上，具有抗湿性、防紫外线、耐化学品等性能[20]。Dyneema纤维被广泛用于制作重量轻且四季均可穿着的外套。2015年，Dyneema纤维被用于制作骑行短裤，在发生严重碰撞时，它可将防护效果提升50%及以上，同时不影响服装的性能和舒适性[21]。

3.2.2.2　玉石纤维

玉作为一种观赏性矿物，以瞬间的清凉触感而闻名。玉中含有锌、镁、铜、硒、铬、钴等微量元素，能促进人体血液循环并加速新陈代谢，其被认为是一种对健康有益的矿物[22]。可以采用不同的制造工艺将玉石颗粒混入纺织纤维、纱线或织物。玉石纤维通常与涤纶混纺，提取玉石和其他矿物材料后将其研磨成纳米级的颗粒，然后通过熔融纺丝将矿物颗粒与液体聚酯混合。玉石织物具有降温效果，与皮肤接触后会有干燥凉爽的感觉[23]。

现如今有许多纺织公司生产玉石纤维、纱线或织物。青岛邦特纤维有限公司所开发的冰爽玉石纤维，由于其具有特殊的截面，在提供凉爽触感的同时还能迅速吸收和释放汗水，导热率较普通聚酯纤维高 5 倍[24]。内新（Neshin）纺织有限公司开发了一种由中国台湾角闪石制成的凉爽玉纱。这种玉石的密度非常高，玉石颗粒的多孔结构可容纳较多的水分，提供优良的冷却效果[25]。香港高性能运动有限公司（Performance Sport Limited）生产的凉爽玉纱使用了回收玉石，其吸湿排汗性能极佳，最多可使皮肤温度降低 12℃[26]。陈等[27]在针织面料中应用了聚酯玉石纤维和抗紫外天丝纤维（Tencel Sun），并评价了它们的性能。抗紫外天丝纤维是奥地利兰精集团开发的防紫外线纤维，它由莱赛尔纤维和永久集成的矿物染料组成，所以聚酯玉/抗紫外天丝纤维针织物不仅触感凉爽，而且具有防紫外线、抗菌、吸湿、透气、快干、弹性回复等性能。由玉石纤维制作的服装面料能够满足消费者对运动服装舒适性、功能性的需求。

3.2.2.3　合成保暖材料

天然羽毛（羽绒）作为一种高效的隔热材料，通常用来填充雪地服和滑雪服等隔热服装。但是羽绒容易在潮湿的环境下凝结，保暖效果变差[28]，此外羽绒运动服装的保暖效果在经反复洗涤后也会逐渐变差，所以合成保暖材料在运动服装中的应用更广泛。例如，海威斯特保温工程有限公司（Harvest Consumer Insulation）旗下的气候盾（Climashield）品牌生产了不同种类的保暖产品，如外套、手套和鞋子，其宗旨是提供长时间的高效保温产品（持久保温）。气候盾的产品使用连续长丝与中空纤维，较传统短纤维而言，它能捕获更多静止空气，具有更好的保暖性能。同时，长丝可以让衣物在拉伸、压缩或洗涤后恢复原状，保证填充物不会变扁平或裂开，以提高产品寿命并提供持久的保暖效果[29-30]。图 3.2 为气候盾连续长丝的性能。

保暖科技公司（PrimaLoft）生产了一种名为拒水保暖（PrimaLoft）的新型合成保暖产品，其由再生超细纤维制成，超细纤维之间的孔隙可以捕获空气以减少热量散失，进而使着装者体温保持恒定。同时，小直径的纤维可以模仿羽绒的柔软手感和压缩性能，有良好的透气性和透湿性，提高穿着舒适度。此外，拒水保暖纤维还进行了拒水整理以提高纤维表面张力，防止水分渗入，避免纤维间的孔隙在潮湿的环境中受到影响，保持纤维干燥，使其保暖性能不受影响[31]。保暖科技公司还根据拒水保暖纤维的含量将合成羽绒分为金、银、黑三个系列，以满足消费者的不同需求。黄金系列的拒水保暖纤维中合成羽绒含量最高，适合于恶劣天气条件下使用；银系列所含合成羽绒较多，鹅绒较少；黑系列中合成羽绒与天然羽绒的含量相同，更适合日常穿着[32]。

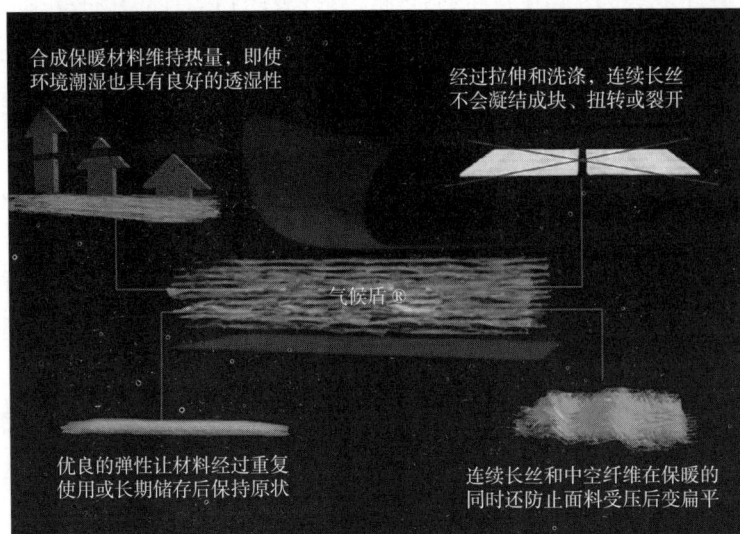

合成保暖材料维持热量，即使环境潮湿也具有良好的透湿性

经过拉伸和洗涤，连续长丝不会凝结成块、扭转或裂开

气候盾®

优良的弹性让材料经过重复使用或长期储存后保持原状

连续长丝和中空纤维在保暖的同时还防止面料受压后变扁平

图 3.2　气候盾连续长丝的性能

　　天然羽绒的隔热性能会随着其使用而降低，而合成羽绒无法比拟天然羽绒的保温性、轻便和压缩性能[33]。巴塔哥尼亚针对天然羽绒和合成羽绒的以上缺点，开发了一种新型合成保暖材料——普卢马羽绒（PlumaFill）。普卢马羽绒由螺旋状的细旦丝组成，它的外观、手感及性能与天然羽绒相似，并具有高度压缩性能，比其他类型保暖材料的保温效果高出 40%，经过反复洗涤也不会降低蓬松度[34]。因此，普卢马羽绒被用于制作轻便、温暖且耐用的冬季户外运动夹克巴塔（Micro Puff）。图 3.3 为螺旋状的细丝和普卢马羽绒绒毛。

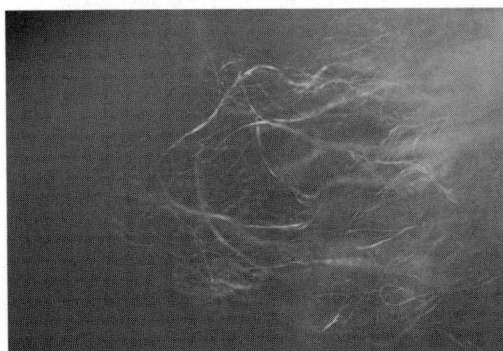

(a) 螺旋状细丝

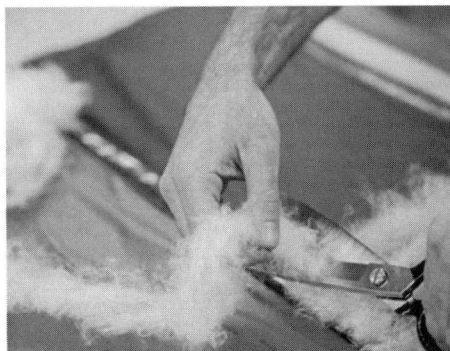

(b) 普卢马羽绒绒毛

图 3.3　螺旋状的细丝和普卢马羽绒

纳优国际公司（Nau）开发了 37.5® 技术（37.5 Technology）（译者注：原 Cocona）温湿调控面料用于替代鹅绒作为隔热材料[35]。这项技术将椰壳中的活性炭与再生聚酯纤维混纺，深色的活性炭可以吸收更多热量，而聚酯纤维可以增加材料表面积，使合成保温材料拥有保暖、快干、防臭等优良性能，是寒冷天气保暖夹克的理想材料。

3.2.2.4　吸湿合成纤维

大部分合成纤维的亲水性差、吸湿率低，不能及时吸收汗液，从而导致身体的湿度增加造成不适。为了解决该问题，英威达（前身为杜邦面料及室内材料公司）于 30 多年前开发了一系列的吸湿面料——Coolmax。Coolmax 使用沿纤维纵向延伸的具有特殊沟槽截面的聚酯纤维，其具有四沟槽或六沟槽结构，利用沟槽的虹吸效应可以将水分从人体排入外环境，从而更好地使汗液蒸发[36]。图 3.4 为 Coolmax 织物的纤维截面。

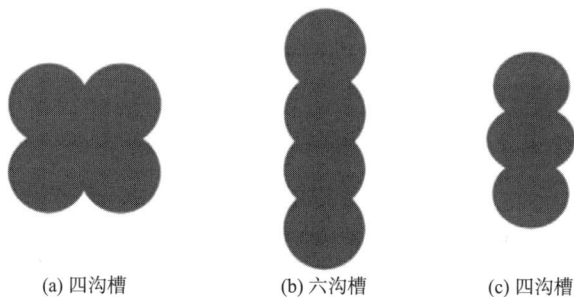

(a) 四沟槽　　　　　(b) 六沟槽　　　　　(c) 四沟槽

图 3.4　Coolmax 织物的纤维截面[36]

博纳迪（Bonaldi）等[37]发布了一项具有舒适性提升效果的聚氨酯纤维专利。他们认为具有强吸湿能力的纤维虽然能够延长服装的干燥时间，但是浸湿衣服的隔热性能会变差，从而导致着装者在流汗后感到寒冷。这项专利所开发的聚氨酯纤维在具有良好吸湿性的同时还有快干性能，可以保持着装者皮肤干燥舒适。同时，博纳迪团队[37]还发布了其他类似提升纤维舒适性的专利，如至少有两个结点的五叶异形锦纶。纤维的每个结点至少与三个等尺寸的叶片结构相连接，锦纶的特殊多叶截面由纵向特殊连续的微通道组成，增加了毛细效应与纤维表面积，加快水分吸收、扩散以及干燥速度，从而提升了面料的水分管理能力以及着装舒适性。表 3.2 为多叶截面锦纶示例[37]。

表 3.2　多叶截面锦纶示例

示例		结点数	叶数	角度	纤维形状图
A		2	5	120°	
B		3	7	120°	
C		4	9	120°	
D		4	9	120°	
E		4	9	120°	
F		6	13	120°	
G		4	5	90° /270°	
H		6	7	90° /270°	
I		2	7	90°	
J		3	10	90°	

3.2.2.5 仿棉涤纶纱

棉纤维具有不均匀结构，纵向呈卷曲扁平带状，横截面为中空腰圆形。纤维之间的空隙大，使其手感柔软、透气、吸湿性好。棉纤维的高消耗导致了其短缺，因此可以采用仿棉涤纶纤维模拟天然棉纤维的性能。

村田机械株式会社（Murata Machinery, Ltd.）通过其独特的涡流纺纱法（VORTEX）开发了 VORTEX 纱线[38]，其中心为无捻状纤维构成的芯纱，外围纤维一端固定，另一端由气流带动扭转而包缠芯纱。这种借助压缩气流纺制短纤纱的新技术让每一根纤维头尾端均被捻入纱线中，从而防止纤维滑移，纱线结构稳定且毛羽较少。这种纱线的结构和织造原理适用于所有类型纤维，毛羽少的特点尤其适合于易起球的 100% 涤纶。涡流纺纱法生产的 VORTEX 纱线具有与棉类似的质地，适用于运动服装。与村田机械株式会社生产的环锭纱（RING）相比，涡流纱的接合点少、均匀性好，易于加工且拥有更好的织物外观[39]。VORTEX 涤纶纱已在足球运动服装中应用，该运动服装由大阪钢巴足球俱乐部的球队所使用，其吸水性能佳、手感与棉类似，可以降低足球运动员在出汗后的不适感[40]。

晓星集团（Hyosung TNC）生产了另一种仿棉聚酯纱科特纳（Cotna）[41]。Cotna 是由高、低缩率不同的纤维制成的纱线，纱线收缩后，高缩率段的长度收缩程度更大，而低收缩率段则会发生聚集从而在纱线表面形成线圈。这些线圈能够模仿天然纤维的手感，具有柔软的触感，并且能够提供更好的吸湿性和干燥速度。由 Cotna 纱线织造的织物具有尺寸稳定性高、水分管理能力好、抗堆积、易护理等优良性能。

3.2.3 新型面料

3.2.3.1 氯丁橡胶

氯丁橡胶是 20 世纪 30 年代杜邦公司（现为英威达）开发的一种合成泡沫状织物，俗称潜水料[42-43]，它是由碳、氢组成的有机化合物。氯丁橡胶能阻隔空气，可以在两种不同温度间形成隔热屏障，降低导热率，所以早在 20 世纪 50 年代，它就用于冲浪服，以确保着装者在极冷水中不会产生失温症。后来，发现氯丁橡胶具有防水、耐海水、耐化学腐蚀和耐日光的性能，同时还具有优良的柔韧性和延展性，所以被广泛应用于泳衣、运动文胸、潜水服等水上运动服装。此外，氯丁橡胶可以采用黏合或缝合的方式进行连接，一般将其夹在两片外层织物（通常是涤纶或锦纶）之间。氯丁橡胶与弹性织物的结合增强了它的柔韧性，使其更合体、穿脱便捷性更高。目前，氯丁橡胶凭借其优越的合体性能在运动服装市场上的应用逐渐广泛，但其应用不仅限于运动服装，还包括裙子、运动衫和夹克等日常服装[43]。图 3.5 为氯丁橡胶运动服装示例。近期于纳尔（Ünal）和埃伦（Eren）[42]评估了用于儿童运动服装用氯丁橡胶面料的舒适性，他们发现氯丁橡胶与不同类型的纱线结合会具有不同的优势。例如，氯丁橡胶与 10% 弹性纤维针织物结合具有良好的延展性和回弹性，将其应用于运动服装的膝盖或肘部，可以在儿童摔倒时起到保护作用，同时又不妨碍其身体活动。氯丁橡胶 / 棉织物手感柔软，具有较好的吸湿性。综上所述，由氯丁橡胶制造的运动服装可以满足消费者的不同需求。

图 3.5　氯丁橡胶运动服装示例

3.2.3.2　飞织面料（Flyknit）

飞织技术是利用计算机控制的针织技术来织造鞋面[44-47]。飞织面料由斯托尔（Stoll）横编机生产，该无缝针织面料可以完美地贴合脚部，让着装者感觉像穿袜子一样舒适且难以让人察觉[45]。由涤纶纱线制成的飞织鞋比传统鞋子更为透气和柔韧，位于关键位置的纱线还能提供更好的支撑能力，例如，鞋跟或脚趾部位所交织的轻质非弹性纱线可以给其提供额外的支撑力[44]。飞织使鞋面更亲肤、支撑力和耐久性均更佳。除具备这些优良的性能外，它还减少了传统鞋类制作过程中由于各种材料切割所导致的大量资源浪费，较传统跑鞋而言，飞织跑鞋可减少约 80% 的材料浪费[46]。

现如今飞织技术已应用于运动文胸[47]。飞织面料文胸由超软尼龙 / 氨纶纱线织造而成，不需要使用钢圈、衬垫、稳定剂或弹性材料，具有足够厚度的文胸即可实现胸部支撑。虽然飞织面料运动文胸使用同种织物，但不同部位采用了不同的针织结构以满足其多功能需求。罩杯上的织纹为其提供了压力，使其能够紧贴乳房；较高的领口设计可以降低乳房晃动；肩带提供支撑且延展性好；背部可以增强人体的灵活性；用钩针编织的前中心可以让汗液迅速蒸发。

3.2.3.3 飞印面料（Flyprint）

除飞织技术之外，还有飞印技术，可用于功能鞋履的 3D 打印，其首先应用于生产足球鞋[48]。采用选择性激光烧结（SLS），利用高功率激光将小颗粒材料熔合成具有三维立体形状的增材制造方法，该技术不受传统制造工艺的限制，可以生产具有突破性的楔齿结构和鞋钉。通过将鞋钉放大并制造成三星螺柱状以创造最佳的牵引力，帮助着装者减速和快速变向，从而最大限度地提高着装者在草坪上的奔跑速度[49]。现在飞印技术不仅用于制造防滑钉，还用于生产鞋面[50]，飞印鞋面采用固态沉积塑形（SDM）技术，将热塑性聚氨酯（TPU）长丝从线圈上松开，并且熔化，进而层层编织及固化[50]。这项技术的运用帮助设计师将运动员的个人数据转化为打造新织物鞋面的几何数据，从而使产品更具个性化，并降低生产时间。此外，传统二维织物中经纬纱交织的摩擦阻力限制了织物的设计，而 3D 打印织物的交织点相互交融，使其具有更高的精密程度，材料的融合给织物设计带来更多的可能性，而且打印织物比传统纺织品更轻盈、更透气。飞印纱线还可以与飞印材料进行热黏合，该过程无须使用黏合剂或缝合，便可创造合体性与结构的最佳平衡。

3.2.3.4 仿生纤维膜

王（Wang）等[51]于 2018 年开发了可作为智能吸湿织物的仿生纤维膜，该膜可以实现水分的快速运输和蒸发。他们指出，具有毛细作用的织物可以将汗液通过织物微结构的毛细孔隙传递至织物外表面，从而提升织物的吸湿性。疏水型 Coolmax 作为具有较大表面积的快干产品，其市场巨大，但是它的双向芯吸效应限制了其在高湿度环境中应用。为解决该问题，他们开发了可以定向输送水分的多孔膜，通过表面能量梯度或其他层次结构特征驱动水的单一方向流动。他们设计了一种超高速输水膜用于模拟维管植物的组织网络，并根据默里定律确定传输网络分支的厚度。他们利用单面静电喷涂自合成的低表面能聚合物，制造了该仿生微纳米纤维膜。这款纤维膜具有三层结构，其中包括醋酸纤维素（CA-TF）层，该层被经叶脉状 TF-629C 浸渍的微纤化纤维素（MFC-TF）纳米纤维膜所覆盖，从而产生自下而上的多层分支网络；然后通过静电喷雾在聚乳酸（PLA-TF）层上喷涂疏水层，在厚度方向上构建疏水—亲水梯度。基于默里定律，在仿生多孔膜中建立非对称截面的润湿剖面。这种多分支多孔结构与表面能梯度相结合的多孔膜具有反重力定向输水和快干性能，可应用于运动服装，特别是用于剧烈运动时或炎热潮湿天气下穿着的运动服装。王（Wang）等的研究表明，该仿生多孔膜的水分蒸发速率分别比棉织物和 Coolmax 织物高 5.8 倍和 2.1 倍。图 3.6 为基于默里定律的仿生多孔膜。

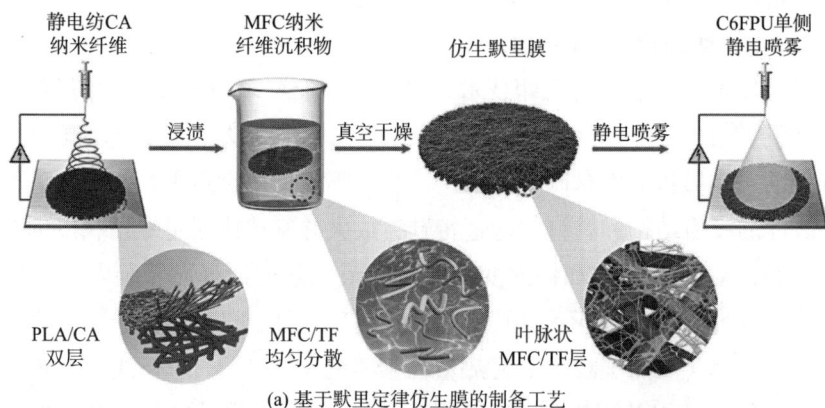

(a) 基于默里定律仿生膜的制备工艺

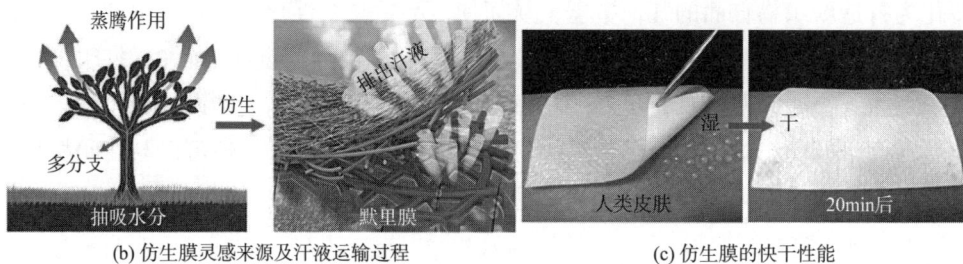

(b) 仿生膜灵感来源及汗液运输过程   (c) 仿生膜的快干性能

图 3.6　基于默里定律的仿生多孔膜

3.2.3.5　快干（TransDRY）面料

快干技术[52]是一种用于棉纱的特殊防水工艺。快干织物由处理后的棉纱与未经处理的吸水棉纱纺织而成，这两种纱线将形成水平和垂直通道，从而快速吸水并将水分从服装内侧传输至外侧，使体表湿气排入空气中。这种由防水棉纱和吸水棉纱纺制的独特结构，可以降低织物的整体吸水能力，模仿如涤纶和锦纶等合成织物，从而使得运动时水分吸收不会迅速饱和。许多防水处理会影响织物的透气性，但由吸水与防水棉纱仿制而成的快干织物可以让水分在更大表面积上扩散，从而使汗液快速蒸发，其既保留了棉花的天然透气性，又能让着装者皮肤保持干燥。

3.2.4　织物整理

3.2.4.1　生物型整理面料

美国麻省理工学院（MIT）化学工程系、英国伦敦皇家艺术学院和新百伦品牌合作发明了一种生物（bioLogic）型整理新技术[53]。他们采用存在于土壤中的枯草芽孢杆菌的细菌孢子，通过数字制造平台在平薄的基板上采用溶液法制造湿态复合生物膜，这是一种天然刺激响应型材料的沉积物[54]。该技术利用活细胞的吸湿与生物荧光行为设计出对汗液做出多功能反应的生物混合可穿物。将易处理的遗传物质微生物沉积在湿态惰性材料上，从而构建出具有多层复合结构的生物混合膜，通过改变其形状和生物荧光强度，可在几秒内对环境湿度梯度做出响应[55]。换言之，复合生物膜可以根据人体湿热变化做出响应，通过改变生物膜形状形成通风口，从而使空气进入。王（Wang）等[51]还将生物技术应用于跑步运动服装和荧光鞋设计中。具有网状结构的运动服装会在运动时自动打开通风口，增加空气流通以降低体温和蒸发汗液，这是一种创新且有效的运动服装网状结构设计方法。图 3.7 为复合生物膜的原理及应用。

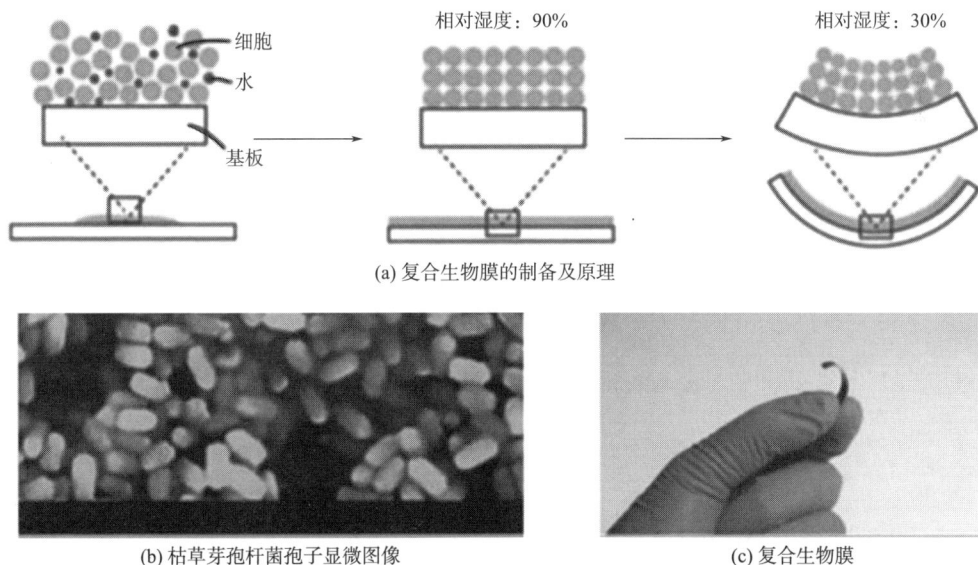

(a) 复合生物膜的制备及原理

(b) 枯草芽孢杆菌孢子显微图像

(c) 复合生物膜

图 3.7　复合生物膜的原理及应用

3.2.4.2 防水透气面料

台湾聚纺股份有限公司拥有三种织物拒水整理方法的专利，分别为辊筒压辊整理、刮刀涂层和雾化喷头法［图 3.8（a）~（c）］，使用这些涂层技术在织物表面涂覆拒水剂后会形成拒水薄膜，可用于生产防雨、高透湿、疏水和防水面料[56]。压辊处理法需要使用背压辊和压辊两种不同的凹面辊，首先利用背压辊上放置的刮刀将背压辊卷起时多余的拒水剂除去，然后使用压辊转移拒水剂，并通过热处理在织物表面形成极薄的薄膜。刮刀涂层法和雾化喷头法所使用的辊筒装有刮刀或雾化喷头，当织物通过辊筒后，防水剂便刮涂或喷涂于织物表面。这些织物整理法旨在制备极薄的强防水薄膜以适用于户外防水运动服装的拒水整理，使织物在具有良好拒水性能的同时仍具有透气性和穿着舒适性。传统的防水涂层工艺是将合成树脂采用压制—预热—黏合等方式涂覆于织物表面，此方法存在防水能力不足、织物表面防水剂分布不均等问题［图 3.8（d）~（e）］，为此因此，聚纺股份有限公司发明了上述 3 种方法，以此来改善织物的防水整理效果。图 3.8 为防水透气面料的制作工艺及效果。

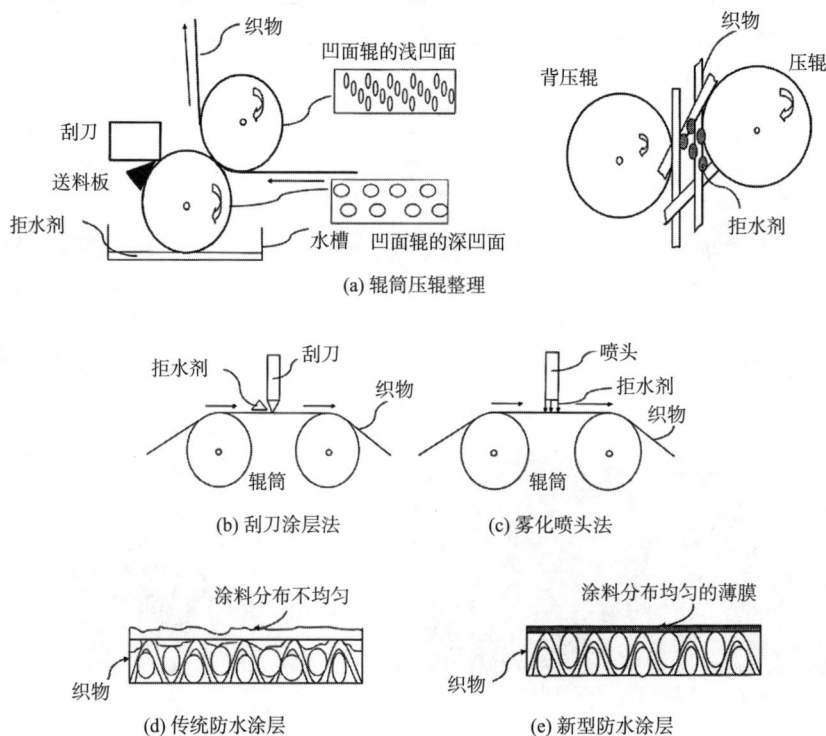

图 3.8　防水透气面料的制作工艺及效果

3.2.4.3　含草药提取物面料

有关中草药在纺织品中的应用研究越来越多。将不同种类的草药用微胶囊进行包裹，然后采用涂层法涂覆于织物表面，从而使纺织品具有不同的保健功能。例如，洋甘草（甘草根）具有杀菌功能[57]，洋甘草中的甘草酸有消炎效果，有助于伤口愈合，涂覆有洋甘草粉末的纺织品可以抑制微生物的生长，并保护着装者免受环境的危害，是一种新型保健纺织品。例如，将具有促进单向水分输送能力的野生姜黄和圣罗勒涂覆于织物表面可以提高织物整体的水分管理能力[58]，此外野生姜黄和圣罗勒还具有良好抗菌能力，可用于保健用纺织品[59]。此外，芦荟提取液加入壳聚糖后具有卓越的抗菌、防紫外线和热舒适性。芦荟凝胶含有约 99% 的水和 1% 的固体物质，固体物质中的乙酰化甘露聚糖具有免疫调节、抗细菌、抗真菌和抗肿瘤形成的特点；壳聚糖是由虾壳中的甲壳素经过浓碱处理脱去乙酰基得到的一种天然多糖，这些天然制剂价格低廉、可生物降解、安全无毒，适用于各种服装。在制作中草药保健纺织品时，通常使用溶剂萃取法提取中草药中的有效成分，然后将药草晒干后磨成粉末并浸泡于甲醇等溶剂中，经过过滤和蒸发之后获得天然药剂，最终再采用压制—预热—黏合处理法将药剂涂覆于织物上。图 3.9 为经天然药剂处理后的织物显微图像。

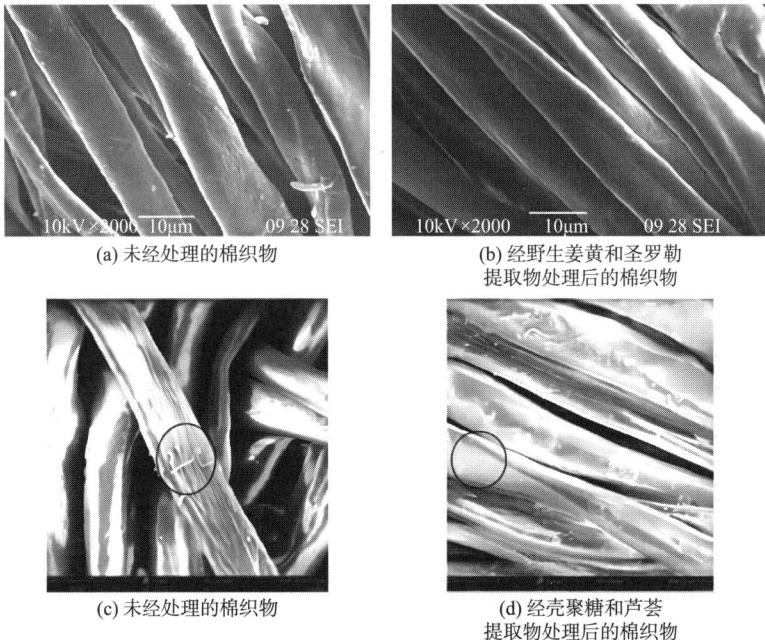

(a) 未经处理的棉织物

(b) 经野生姜黄和圣罗勒
提取物处理后的棉织物

(c) 未经处理的棉织物

(d) 经壳聚糖和芦荟
提取物处理后的棉织物

图 3.9　经天然药剂处理后的织物显微图像

3.2.4.4　棉织物性能增强面料

棉纤维凭借其天然的手感及可生物降解的特性成为运动服装行业中最重要的纤维之一，但其吸湿后水分饱和较快和导湿能力较差，从而导致着装者在运动时感到潮湿不适。为解决这些问题并增强棉纤维的性能，近年来研究者开发了多种增强棉织物性能的技术。例如，持久性高强度棉花拒水整理技术，可用于任何针织或机织类的棉织物及服装[60]，在不影响棉织物天然手感和透气性的同时还具有防液体和防雨雪功能，让着装者无论在何地都能保持舒适、凉爽和干燥。

芯吸窗（wicking windows）[61]是美国棉花公司开发的另一项技术，将其印制于贴近皮肤的织物内侧，创造出拒水区域，这些具有吸湿性的区域可以将汗液从皮肤传递至织物外面，有助于最大程度地降低湿织物与皮肤的接触面积，保持皮肤干燥，提高运动过程中的舒适性。无色印刷图案仅有简单的覆盖效果，当织物变得潮湿或经过特殊设计后才会显现。芯吸窗还有三种不同的应用方法以实现不同的功能需求，其一为在织物内侧单面印花以增强服装的吸湿性能；其二采用双重印刷工艺隐藏汗渍，并提高织物的水分管理能力；其三是在芯吸窗™印刷浆料中加入相变材料（PCM），赋予织物调温及降温能力。这项多功能的技术增强了棉织物在运动服装中的应用优势。

3.3　运动服装的创新可持续发展

可持续性是指为实现可持续发展而采用的长期战略，它包括在保护和改善环境过程中的人、资源、环境和发展之间的相互关系[62]。为了实现可持续发展目标，纺织行业正在努力寻找创新的生产方式，通过回收利用废旧纺织品、采用绿色环保材料，代替不可持续资源、减少资源浪费以及降低环境污染来获得行业与环境保护之间的平衡。

3.3.1　回收利用

许多公司正在使用回收材料生产纤维，再生纤维在运动服装市场也越来越普遍。优尼飞（Unifi）是一家知名的再生纤维生产公司，在2016年成立了再生面料（Repreve）加工中心，负责锦纶、涤纶和短纤维的Repreve产品线。为了生产Repreve产品，他们首先从世界各地的工厂中回收塑料瓶和工业废料，然后将这些废料分类、清洗并切成碎片，接着再将碎片熔化并制成碎屑，最后再将碎屑熔化成液态聚合物，并通过喷丝口喷出形成连续的长丝，即 Repreve 纤维。Repreve 再生纤维可通过纺纱进一步加工成再生纱线。图 3.10 为 Repreve 纱线的生产工艺[63-64]。Repreve 面料可用于生产上衣、下装、外套和袜子等产品。Repreve 技术不仅能够创造出很多性能卓越的绿色产品，而且优尼飞公司还能提供很多附加工艺来提升产品价值，如喷气变形、包芯纱、原液染色以及可靠技术（Tru-technologies）技术，这些技术可以在使用较少自然资源、能源和水分的条件下，获得具有优良水分管理、气味控制、热舒适、拉伸以及耐水性等特殊性能的纺织品[63]。

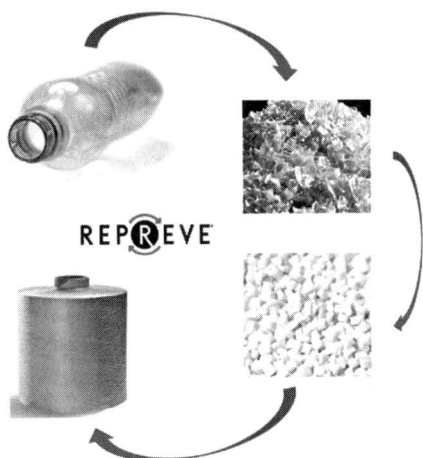

图 3.10　Repreve 纱线的生产工艺

　　除了 Repreve 再生纤维，纳优（Nau）国际公司生产了一种再生羽绒[65]。位于美国加州的回收工厂首先筛选出回收羽绒被和枕头中的羽绒和羽毛，然后根据其质量进行消毒和分类，以确保回收羽绒的性能与原始羽绒相同。一般采用测量羽绒的蓬松度指标作为选择回收羽绒的标准，蓬松度是指一盎司（30g）羽绒所占体积立方英寸的数值。蓬松度 650 和 700 的回收羽绒极度轻量化又足够保暖，通常用于制作高质量的保暖夹克。回收羽绒采用与原始羽绒相同的工艺处理，因此它具有与原始羽绒相同的性能，在使用过程中需采用相同的护理程序以保持其蓬松度。纳优公司还将尼克瓦斯（Nikwax）等防水后整理应用到面料上，以进一步防止回收羽绒受潮。

3.3.2　替代不可持续的材料

　　采用绿色材料替代不可持续的材料是可持续发展策略的途径之一。运动服装行业致力于使用不可持续材料的替代品，例如，使用再生合成保暖材料取代天然羽绒，避免获取鹅绒时导致鹅受伤甚至死亡的现象。然而，由于合成材料不具有生物可降解性，使用其仍会对环境产生危害。为此，一些制造商生产了可回收的合成保暖材料作为鹅绒的替代品，这些材料具有环境友好性。

　　可乐丽有限公司的克拉里诺（Clarino）部门是非织造超细纤维材料制造的全球领导者以及合成皮革生产的领先创新者[66]。克拉里诺生产的蒂尔雷纳（TIRRENINA）对有机溶剂的使用减少了 99%，只由纯水和少量聚氨酯组成。制造过程中不使用氟氯碳化物及危害环境的添加剂，同时降低了 70% 的水和 35% 的二氧化碳的使用。蒂尔雷纳具有类似动物皮革的手感和细胞状结构，具备耐久性、延展性和回弹性，其强度是真皮的三倍，但重量仅为真皮的三分之一。作为天然皮革的可替代环保材料，蒂尔雷纳的透气性较好，在温暖天气里可以帮助着装者散发热量，在寒冷天气里维持热量，其通常应用于运动鞋鞋面和衬里、户外运动手套、皮鞋和靴子上[66-67]。图 3.11 为克拉里诺超纤皮革的截面及其应用。

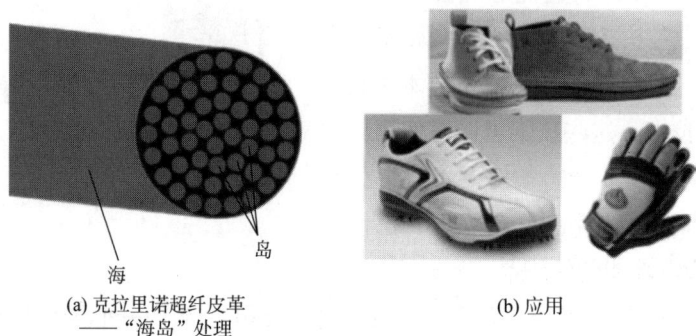

(a) 克拉里诺超纤皮革
——"海岛"处理

(b) 应用

图 3.11　克拉里诺超纤皮革的截面及其应用

3.3.3　减少资源浪费及降低环境污染

为了保持商业与环境保护之间的平衡，产品生产前后应该最大限度地减少资源浪费、降低环境污染。飞织和飞印技术就是典型的例子，他们利用基于计算机控制的针织技术以及 3D 打印技术，在织造鞋面的过程中使用涤纶纱或 TPU 长丝，极大地减少了裁剪和缝纫过程中产生的织物浪费。

中国台湾台中市中良工业股份有限公司开发了一种名为阿里阿普林（Ariaprene）的清洁技术，基于该技术所开发的新型高性能材料可用于鞋类、服装以及其他技术装备的生产[66]。阿里阿普林使用瑞士蓝标（Bluesign）认证的无溶剂复合技术，泡沫芯速干且无毒，这样生产工人不会暴露于危险的生产环境中[68]。阿里阿普林作为一种低致敏性的贴肤产品，其重量轻、柔韧性高、环保且不刺激皮肤，就像第二层皮肤一样不受人体运动的限制，其已在运动服装市场用于生产创新产品。例如，阿里阿普林可用于制作轻便、透气的衬垫；阿仕利塔（Athleta）基于阿里阿普林的疏水、无毒的性能将其使用于速干（QuickDri）泳装系列的文胸上。达凯恩（DAKINE）基于阿里阿普林优良的柔韧性和透气性，将其使用于山地自行车用的斯莱雅（Slayer）和海利安（Hellion）护膝中[66]。图 3.12 为阿里阿普林的应用。

(a) 海利安护膝　　　　　　　　　　(b) 运动泳衣

图 3.12　阿里阿普林的应用

此外，获得瑞士蓝标认证的纺织化学替代品开发商博尔格＆奥赫恩（Bolger & O'Hearn）有限公司开发了一种名为阿尔托佩尔（Altopel）F³（F³ 代表无氟处理）的全氟化合物（PFC）无水拒水性整理剂，其既环保又持久。氟化材料是重要的纺织工业涂层材料，但是氟化材料在使用时可能需要使用氟化表面活性剂将其分散，而这些表面活性剂不具有生物可降解性，当其排放入地下水或饮用水中时，会导致动物和人类摄入并在体内积累有毒化学物质。氟化材料对健康和环境的影响引起了人们的广泛关注，由于户外服装及运动服装通常需要具备防水性，因此目前许多纺织企业正采用无氟化合物拒水整理法进行生产。这种持久拒水整理剂（DWR）不会对织物的手感和透气性造成影响，当阿尔托佩尔 F³ 运用于 100% 锦纶或 100% 涤纶时，其可以承受 50 次以上的洗涤，运用于棉布时可以洗涤 20 ～ 30 次[69]。

纳优国际公司推出了多种不含全氟化合物的持久拒水剂，如生物基碳氢聚合物，其拒水性优良且对环境的影响小。他们的无氟化学成分已经通过已认证的第三方组织评估，如瑞士蓝标、有害化学物质零排放联盟（ZDHC）、Oeko-Tex 标准 100 以及全球认可的限用物质清单[70]。

波利吉恩 AB（Polygiene AB）开发了名为多穿少洗（Wear More. Wash Less）的新型气味控制技术，其为抑制产生异味细菌的环保整理方法。汗液本身没有气味，但残留在纺织纤维中的汗液会给细菌提供温暖潮湿的生长环境，从而产生异味，而这种异味会迫使 30% 的人过早地丢弃衣服[71]。玻利吉恩 AB 利用从回收银中所提取的天然银盐（氯化银）来抑制细菌生长并控制气味。银盐技术并未使用纳米银，其仅适用于纺织品[71]，该技术减少了清洗服装所需的时间、精力和资源。此外，降低清洗次数可以延长服装寿命并减少纺织品浪费，避免服装因频繁洗涤导致的褪色、拉伸或损坏而被丢弃。多穿少洗技术可广泛应用于包括运动服装、旅行装、休闲装、日常装、防护装备、手套以及鞋类等各种纺织品，该技术还通过了瑞士蓝标和 OEKO-TEX 的认证，使用阿尔托佩尔气味控制技术处理后的服装可回收使用[66]。

3.4 结论

本章讨论了用于运动服装生产的纤维、纱线、织物、整理工艺以及可持续发展技术的最新进展，所提供的有效信息会激励制造商、产品开发人员以及设计师研发更多的创新材料和技术。所述的产品及技术综合了可以使运动服装功能最大化的各种功能，例如，经久耐用的 Spectra 纤维重量轻、强度高，兼具舒适性和防护性；VORTEX 涡流纱起球少、毛羽少，具有棉织物类似的手感和质地，可以提高织物的舒适性和美观性。除改善纺织品性能外，无氟防水整理和新型气味控制技术等生态技术可以降低或消除对环境的负面影响。

=== 参考文献 ===

扫码查看本章参考文献

第4章 运动服装用窄面弹性织带与配件

叶晓云（Joanne Yip），奥利维亚·何易·冯（Olivia Ho-Yi Fung），
曾玲·吴（Tsz-ling Ng）
时装及纺织学院，香港理工大学，红磡，香港，中国

4.1 引言

作为健身时所穿着的服装，运动服装不仅能够极大地提高着装者的舒适度，降低肌肉疲劳和受伤的风险，减少运动过程中的摩擦和阻力，而且能为着装者提供足够的运动自由度，进而优化人们在运动过程中的表现[1-2]。与此同时，智能纺织品和交互材料的发展使其在运动服装领域具有巨大的市场潜力[3]。本章将通过实例，从以下三个方面探讨运动服装用窄面弹性织带及配件的发展：①运动服装的功能性（包括对胸部的支撑作用、易于运动性和用户友好性）；②运动服装的美学性；③智能技术的应用。

4.2 运动服装的功能性

尽管现在运动员和运动爱好者的服装已经能够满足他们的需求，但他们仍在追求性能更好的运动服装，特别是运动文胸。通过对运动服装功能的优化可以极大地满足消费者需求，对于运动文胸而言，具有更好的胸部支撑、便于运动以及用户友好性是消费者最关心的需求。本节将从这三个方面对运动服装的弹性织带及配件的发展进行详细介绍。

4.2.1 支撑胸部

着装者在运动过程中胸部在垂直方向上会发生移动，从而导致胸部不适。对于胸部较为丰满的着装者而言，胸部的垂直运动越激烈，胸部不适感就会越明显[4]。

43

因此，胸部支撑性是运动文胸设计中最重要的考虑因素之一，尤其是对于胸部较丰满的女性更为重要。研究表明文胸对胸部的支撑性不足会导致肌肉与骨骼疼痛，以及限制女性从事体育活动的范围[5]。与日常文胸相比，运动文胸在减少胸部的垂直移动和提高舒适性方面具有更加突出的效果[4]。

肩带是运动文胸的重要组成部分，其在支撑胸部方面的重要性仅次于文胸的下扒。通常情况下，运动文胸的肩带采用与文胸主体相同的弹性面料或附带调节扣的弹性织带来实现长度的调节。但是采用与文胸主体相同的弹性面料所设计的肩带长度为固定值，无法根据着装者的需求进行调整，而肩带太紧则会勒肩，造成不适，反之肩带太松则会滑落，影响穿着。肩带的长度调节可采用附带调节扣的弹性织带来实现，然而在体育运动中调节扣有时可能会沿着肩带滑动，尤其是在高强度运动中会导致肩带无法保持原长度。为了解决这些问题，文胸肩带经历了不断的发展，下文将对其进行论述。

4.2.1.1　滑动阻力式捌扣

菲尔丹配件公司开发了一种名为格力普（Flex'n Grip）的装置，如图 4.1 和图 4.2 所示，它包括捌扣和圈扣组成。格力普装置采用弧形设计，左右边缘带有细凹槽，可夹住肩带并防止肩带滑动。弧形设计还可以防止捌扣和圈扣的边缘过度勒紧皮肤，克服了传统扁平八字扣的缺陷（图 4.3）。

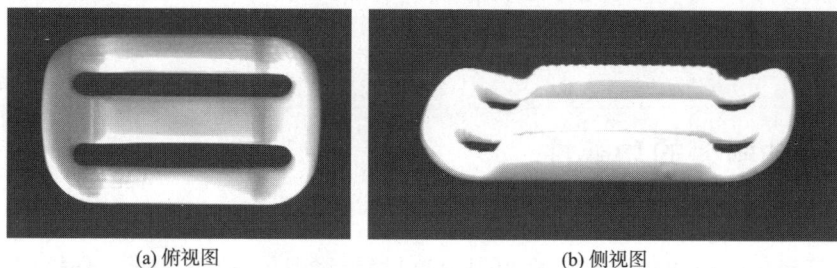

(a) 俯视图　　　　　　　　　　　(b) 侧视图

图 4.1　格力普捌扣

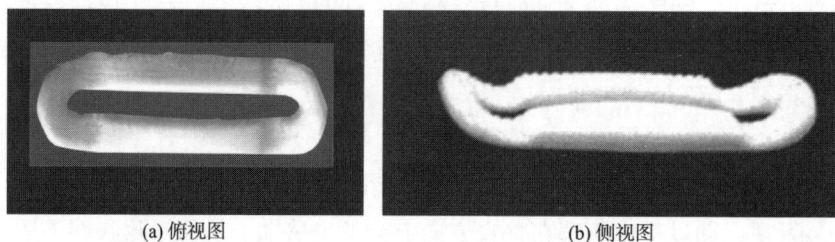

(a) 俯视图　　　　　　　　　　　(b) 侧视图

图 4.2　格力普圈扣

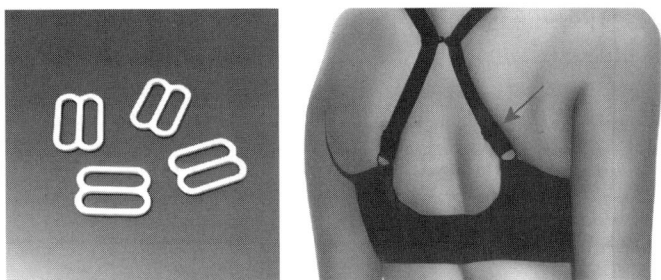

图 4.3　传统扁平形状八字扣的缺陷

4.2.1.2　结环扣式或纽扣式的可调节肩带

菲尔丹配件公司还开发了一种结环扣式或纽扣式的可调节肩带，如图 4.4 所示。肩带表面有多个结环扣或纽扣，并且肩带末端有采用超声波焊接的"9"字形挂钩或纽扣，可以连接到肩带表面的结环扣或纽扣上，以便穿着者调节合适的肩带长度，这种设计可以解决使用传统捌扣式肩带的滑动问题。此外该款肩带还采用了厚度为 2mm 的垫片用于缓冲，以提高舒适度并减轻对肩部的压力。

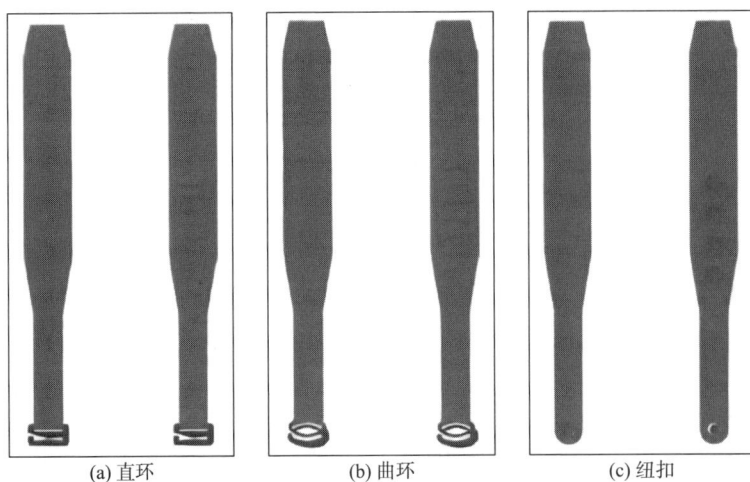

(a) 直环　　　　　　　　(b) 曲环　　　　　　　　(c) 纽扣

图 4.4　结环扣式或纽扣式可调节肩带

4.2.1.3　可调节编织肩带

如图 4.5 所示，明新弹性织物有限公司开发了一种可调节伸长度的肩带[6]，该肩带的设计理念与结环扣式或纽扣式可调节肩带类似，两者唯一的区别是前者由编织制成，后者通过超声波焊接制成。这种编织带包含两层（底层和上层），底层为基层，上层织带为两端固定、中间形成环。由于织带采用连续编织方法，因此必须将上层织带的大环剪开形成两段钩臂，并在每段钩臂的终端缝制"9"字形钩扣，着装者从而可以根据需求将该钩扣挂在挂钩之上即可固定带长，从而达到自由调节织带的目的。此款可调节编织肩带的可以通过一体编织形成，而焊接结环扣式或纽扣式的可调节肩带则需要额外的超声波焊接步骤，因此此款可调节肩带的制造时间会更短。除此之外，在编织过程中，还可以将提花图案编织到可调节长度的肩带上，以获得更加美观的效果。

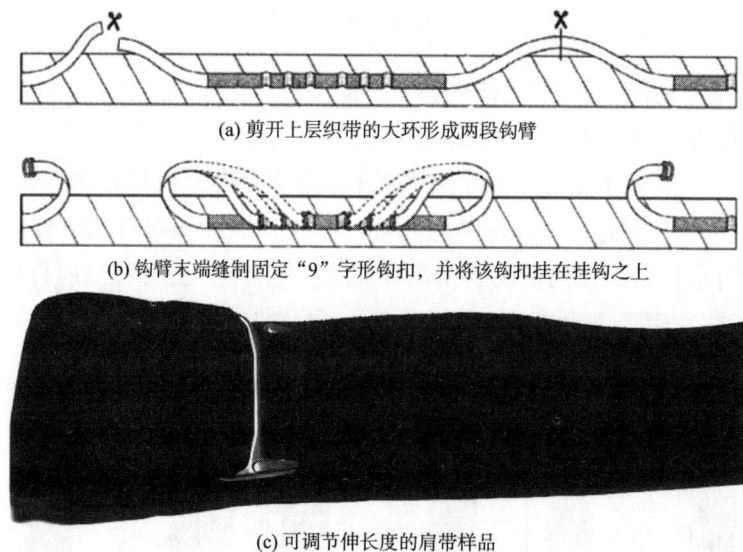

(a) 剪开上层织带的大环形成两段钩臂

(b) 钩臂末端缝制固定"9"字形钩扣，并将该钩扣挂在挂钩之上

(c) 可调节伸长度的肩带样品

图 4.5　可调节长度的肩带

明新弹性织物有限公司的这种设计不仅可应用于肩带，还可应用于运动文胸的下扒以及运动裤或紧身裤的腰带。图 4.6 为两种运动文胸的贴体度差异，可以看出

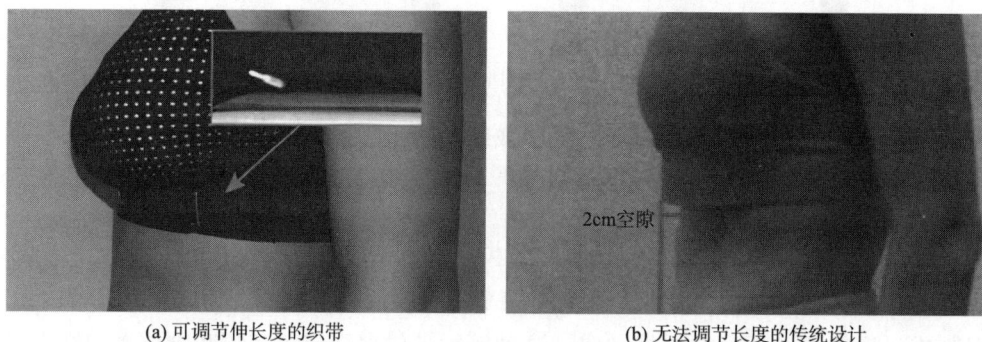

2cm空隙

(a) 可调节伸长度的织带

(b) 无法调节长度的传统设计

图 4.6　运动文胸下扒部分

后者运动文胸的下扒与人体躯干之间有 2cm 的空隙，而前者贴合较紧。运动文胸通常仅提供 S、M 和 L 码尺寸，而日常文胸提供了如 32B、32C 等多种尺寸，可供不同需求的用户选择，因此运动文胸下扒采用可调节伸长度的织带可以弥补由人体围度差异引起的不合体缺陷，为胸部提供更好的支撑。

4.2.2　易于运动

为防止运动时运动文胸肩带滑落，女性往往倾向于收紧肩带，但这会影响文胸的合体度。收紧肩带会导致运动文胸的下扒部分向上移动，从而与胸部下缘移位，进而降低了运动文胸对胸部的支撑。此外，文胸肩带在肩膀上施加过度的压力会形成较深的勒痕，长时间穿戴则会导致肩部疼痛。鉴于此，市面上常见的运动文胸的肩带逐渐采用硅胶垫作为肩带背面的缓冲材料，通过增加文胸肩带与肩部皮肤的摩擦来解决肩带滑落的问题[7]，这种设计更有利于运动。但是，对硅胶过敏的女性无法使用此类产品，此外硅胶的耐用性也较差，极易破裂。

4.2.2.1　肩带方位

如图 4.7 所示，为防止运动文胸的肩带滑落，最常见方法是将肩带沿对角方向朝向背部中央集中，而非竖直地朝向背部，这样的设计不仅有助于防止肩带滑落，而且还展现出更为时尚的外观。

图 4.7　防止肩带滑落的具有不同肩带方位的运动文胸

4.2.2.2　防滑肩带

考虑到硅胶垫的缺点，明新弹性织物有限公司开发了一种防滑肩带（图 4.8），其防滑区采用氨纶编织而成，且防滑区与肩带同步编织[8]。此外，为了增强防滑区域的美观性可采用点状、条纹和心形等不同的样式编织。较防滑硅胶垫而言，这种防滑带不需要额外的制造工艺来产生防滑效果，因此生产周期会更短。

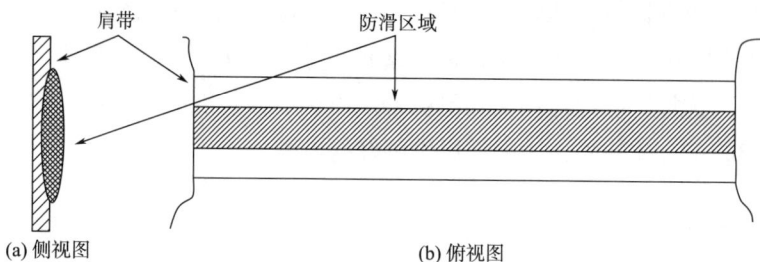

图 4.8　防滑肩带

4.2.3　用户友好

文胸钩扣通常位于文胸背面，由数排小挂钩组成。对于部分消费者而言，在背部扣紧和解开文胸并不容易，因此这种钩扣并非人性化的最佳设计，为此出现了一些新的设计方案，详述如下。

4.2.3.1　特殊钩扣设计

菲尔丹配件公司开发了一种新型的钩扣装置，并将其命名为欧希（OFF-HEY）钩扣闭合系统[9]，如图 4.9 所示。欧希钩扣闭合系统的设计更加人性化，其仅采用一个长钩而非许多小钩，从而可以使着装者更为轻松地系上和解开文胸。钩扣可以直接安装于织物带上，而且还可以根据需要在织物带上附加缓冲垫。欧希钩扣闭合系统扣紧后的厚度为 4 ~ 5mm，在大多数衣服下都具有很好的隐蔽性。此外，欧希钩扣闭合系统最大可以承受 30 磅（13.6kg）的拉力，足够承受在运动中各种动作所导致的高拉力，因此该设计也可用于运动文胸。

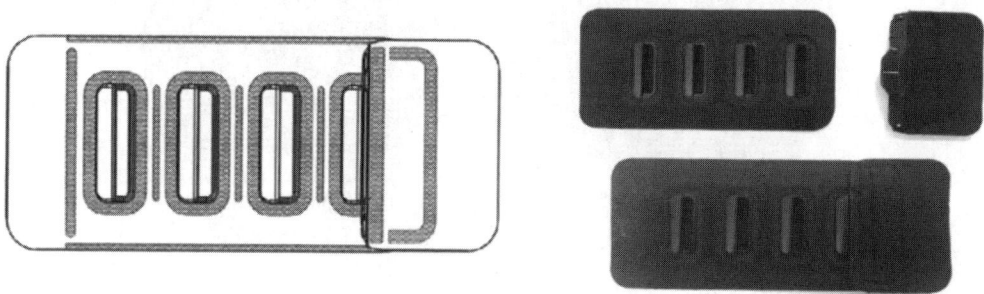

图 4.9　欧希钩扣闭合系统

菲尔丹配件公司随后还开发了另一种类型的钩扣闭合系统，并称其为图希（TOO-HEY）系统[10]，如图 4.10 所示。图希系统的设计理念类似于欧希钩扣闭合，它们同样只有一个便于穿戴的挂钩。但是，该系统最大只能承受 25 磅（11.4kg）的力，而欧希钩扣闭合系统可以最大承受 30 磅（13.6kg）的力。所有图希系统的组件均由聚酰胺（PA）制成，可以回收利用；为使图希系统的扣眼牢固地固定在织物上，其扣眼采用凹槽焊接连接的方式；此外钩的边缘采用肋条，以降低文胸扣在绷紧时发生弯曲的可能性。这种钩扣设计可以在不降低配件强度的基础上，使其具备更纤细的外形。另外钩扣件呈"人"字形，更有利于引导钩尖端进入扣眼中心，从而进一步方便穿戴。

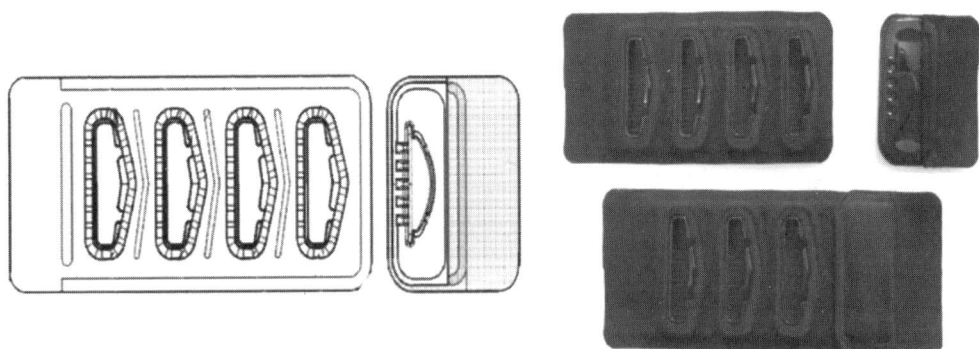

图 4.10　图希系统

4.2.3.2　隐藏式前扣设计

由于背扣式设计不便于穿戴，因此采用前扣式设计的文胸可能会更受运动者的青睐。但市面上常见的前扣式文胸，由于前扣过于显眼，对于运动者而言可能会感到尴尬，因此受欢迎程度也较低。鉴于此，菲尔丹配件公司设计了一种带有隐藏式前扣的文胸以解决该问题。这种前扣由两个半扣组成，当两个半扣合在一起时其隐藏性较好，如图 4.11 所示[11]。该前扣可通过缝合或焊接的方式与文胸织物相连接，采用缝合工艺时，缝合线会在织物上会留下线迹，而采用焊接工艺则能有效地隐藏文胸扣。

4.2.3.3　磁性背扣

如图 4.12 所示，菲尔丹配件公司还开发了一种便于紧固的超级磁性背扣[12]。当该磁性背扣的正负极磁铁彼此靠近时，背扣会自动接合锁定，并能够在三个方向上承受穿戴时所产生的张力，其能够承受的最大拉力为 25 磅（11.3kg）。同时，磁性背扣所采用的磁铁具有防水性，因此也可用于泳装的设计与开发。

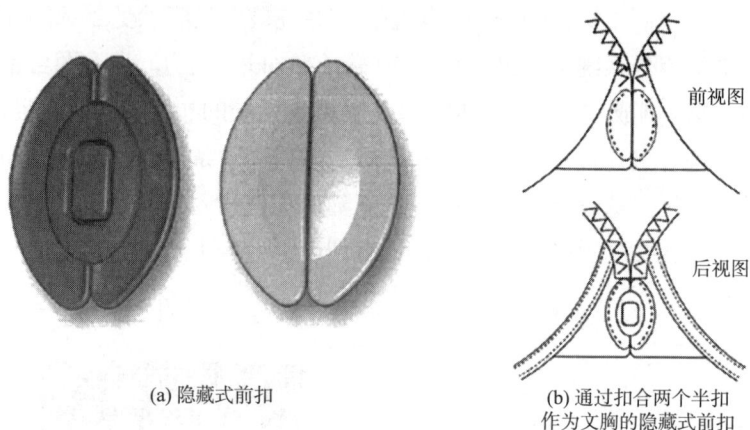

(a) 隐藏式前扣

前视图

后视图

(b) 通过扣合两个半扣
作为文胸的隐藏式前扣

图 4.11　隐藏式前扣设计

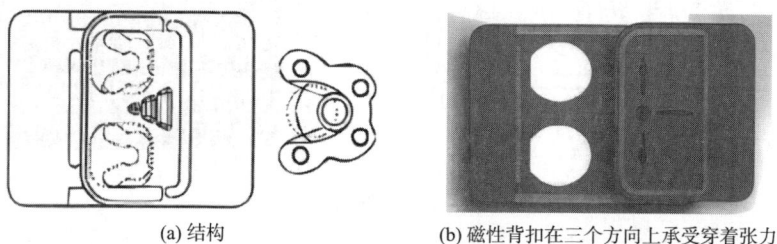

(a) 结构

(b) 磁性背扣在三个方向上承受穿着张力

图 4.12　超级磁性背扣

4.3　运动服装的美学性

　　仅具备功能性与舒适性的运动服装并不能完全满足终端用户的需求，运动服装的外观也是用户的重要需求。无法兼具功能性与美观性的设计也不会是最好的设计，因此在设计运动服装时，寻求技术层面与美学层面的平衡是至关重要[1]。下文将对肩带外观设计方面的发展进行介绍。

4.3.1　在弹性织带上创建不变形的切割式图案

　　对于没有弹性的刚性编织带而言，采用切割方式很容易创建图案，然而当采用切割方式为弹性织带创建图案时，弹性纱线将会回弹从而使图案变形。鉴于此，明新弹性织物有限公司开发了一种切割后不变形的弹性织带的制作方法[13]，如图4.13

所示。首先，弹性织带由热熔纱和弹性纱制成，该热熔纱可采用任何常见的人造纤维，而弹性纱可采用氨纶、莱卡或其他弹性纤维；其次，对弹性织带进行热定型，以使热熔纱线熔化并黏附于弹性纱线，这个过程可以防止弹性纱线回弹并降低整个弹性织带的收缩率；最后，用超声波在弹性织带上切割出图案，该图案边缘清晰，且没有毛边及变形，同时还保持了弹性织带的弹性。

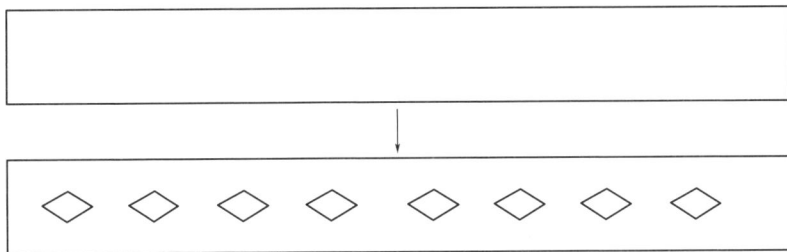

图 4.13　弹性织带上的切割式图案

4.3.2　基于观察角度的视觉效果变化图案

目前市场上纺织品呈现不同视觉效果的最常见方式是颜色变换。将变色粉末、光敏粉末或热敏材料应用于纱线或纺织品中，常可以实现织物的颜色变化，然而这些技术须应用于整个织物而非部分织物，且所适用的织物通常是由无弹性材料编织而成，生产过程较为复杂。此外，还有一些纺织品通过集成电路来实现变色效果，但这些服装的穿着舒适性较差，且生产成本高。

明新弹性织物有限公司开发了一种弹性织带，其图案和颜色会根据视角的变化而变化[14]，如图 4.14 所示。该弹性织带包括高位织条、第一低位织条、第二低位织条、间隔织条（可根据需要选择性加入）和底层织带。第一低位织条将形成图案1，第二低位织条将形成图案 2，将这两部分图案直接编织于底层织带上，并与底层织带紧贴。高位织条也编织于底层织带上，但其高度高于低位织条，从而形成拱形，高位织条可以从不同的角度遮挡人们观察低位织条的视线。如图 4.14 所示，第一低位织条与高位织条的顶部相结合，第二低位织条与高位织条的底部相结合。因此，如果俯瞰弹性织带，只能看到由第一低位织条形成的图案 1，类似地，如果从下方观察弹性织带，则只能看到由第二低位织条形成的图案 2。当然也可以观察到间隔织条，但间隔织条是根据设计选择性编织加入的，其与第一低位织条和第二低位织条具有相同的高度，并且始终介于它们之间。此外，可以在底层织带背面覆盖有底绒层，以提升着装舒适性。

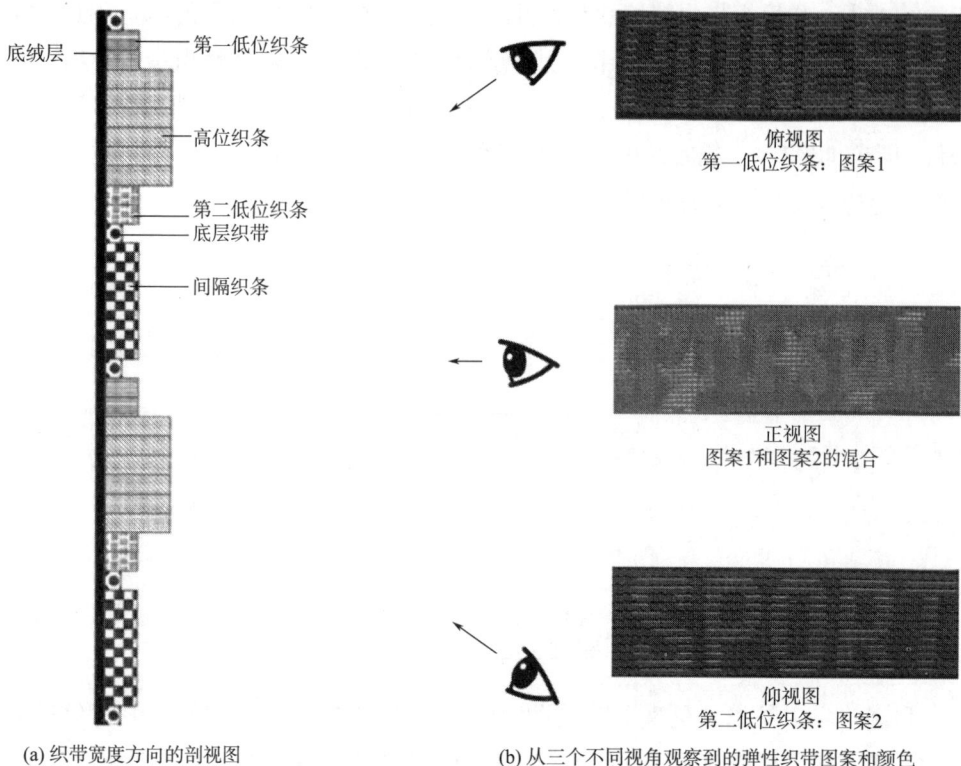

底绒层 —
第一低位织条
高位织条
第二低位织条
底层织带
间隔织条

俯视图
第一低位织条：图案1

正视图
图案1和图案2的混合

仰视图
第二低位织条：图案2

(a) 织带宽度方向的剖视图

(b) 从三个不同视角观察到的弹性织带图案和颜色

图 4.14　弹性织带的图案和颜色随视角而变化

图 4.15 为弹性织带沿长度方向的剖视图，在该剖视图上，黑色圆点表示底层织带的纬纱，拱形由高位织条形成，其高度大于低位织条。弹性织带上的图案是低位织条的纱线沿底层织带编织而成的，换言之，当纱线在底层织带上方时会显示纱线的颜色，而当纱线位于底层织带下方时将显示底层的颜色。如图 4.15 所示，低位织条的纱线从 3 根纬纱的顶部穿过，然后穿过底层织带的 1 根纬纱，工艺不断重复。由于低位织条的纱线位于底层织带的顶部，因此织带将主要显示低位织条的颜色。此外，低位织条的纱线如何与底层织带的纬纱交织可供设计者发挥，换言之，低位织条的纱线可以与底层织带上的任意数量、任意方向的纬纱进行编织。

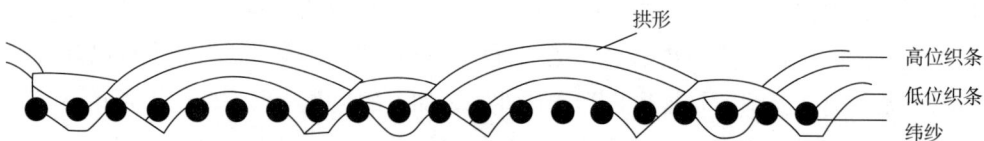

拱形

高位织条
低位织条
纬纱

图 4.15　视觉效果随观察角度变化的弹性织带的纵截面

在开展设计时，不必照搬图 4.14 和图 4.15 所示的织条平行于织带边的设计，不同方向的编织也会产生不同的图案效果。但是，织条之间必须彼此保持平行，如图 4.16 所示。

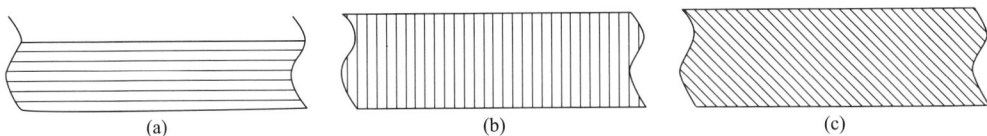

图 4.16　不同方向的织条产生不同的视觉效果

在编织弹性织带的高低位织条时，推荐选用较硬的涤纶纱材料；在编织弹性织带的底层织带和间隔织条时，推荐选用尼龙弹性纱材料；在制作弹性织带的底绒层时，推荐选用尼龙纱材料；但在编织高低位织条时，必须选用硬纱材料，这是因为硬纱可以确保织物在连续洗涤和穿戴后仍能保持或恢复原来的形状。

由于这种弹性织带产生视觉效果的原理不依赖于热敏或光敏材料，而是由织条的不同高度排列交织产生的，因此只需要采用一体编织就可以形成整条弹性织带，具有生产成本低、穿戴舒适和图案丰富的特点。

4.4　智能技术的应用

为了在运动期间监测运动者的健康状况、呼吸频率、心率和皮肤电反应（GSR）等生理参数，可以在织物中植入电极，但在织物中植入电极会限制运动并影响穿着舒适性。为了解决该问题，近年来已经开发了各种纺织电极系统，并将其集成于高性能运动服装中。电极系统必须与着装者的皮肤直接接触才能发挥作用，其可采用印制、层压或缝合的方式与服装结合，将多种电极系统共同融入服装中，可以实现多种生理参数的测量。但是这种可穿戴的纺织电极系统仍然存在许多缺点。首先，在织物中植入电极会对皮肤造成摩擦，从而降低织物的舒适度，尤其在剧烈运动及锻炼过程中，这种不适感会更加强烈；其次，在反复使用和洗涤过程中，电极系统极易受到磨损，使其使用寿命极大降低；再次，通过缝合的方式在织物中加入电极会导致服装整体的生产成本增加；最后，大多数织物电极系统仅配有两个电极，为此电极通常需要彼此靠近放置，以便使其与位于它们之间的电子设备（传感器或处理模块）耦合，从而产生稳定的信号。

考虑到针织电极系统可以最大限度地减少对用户舒适度的影响，增加使用寿命，且能够提供具备高质量及准确性的信号，OM 信号公司开发了一种改良的针织电极系统[15]。这种电极系统可以用三种不同的方式构建，第一种方法是使用三层织物构建，如图 4.17 所示，第一层织物的内表面配置了与用户相接触的针织电极，第二层织物是位于第一层织物之上，配置了针织导电通路，该通路与第一层织物中的电极耦合，第三层织物是位于最上层，配置了连接器与第二层织物中的针织导电通路相耦合。该系统中的电极是一种需与非金属表面相接触的导电体，即采用该电极与用户接触，从而测量一个或多个用户生理参数所对应的电信号。

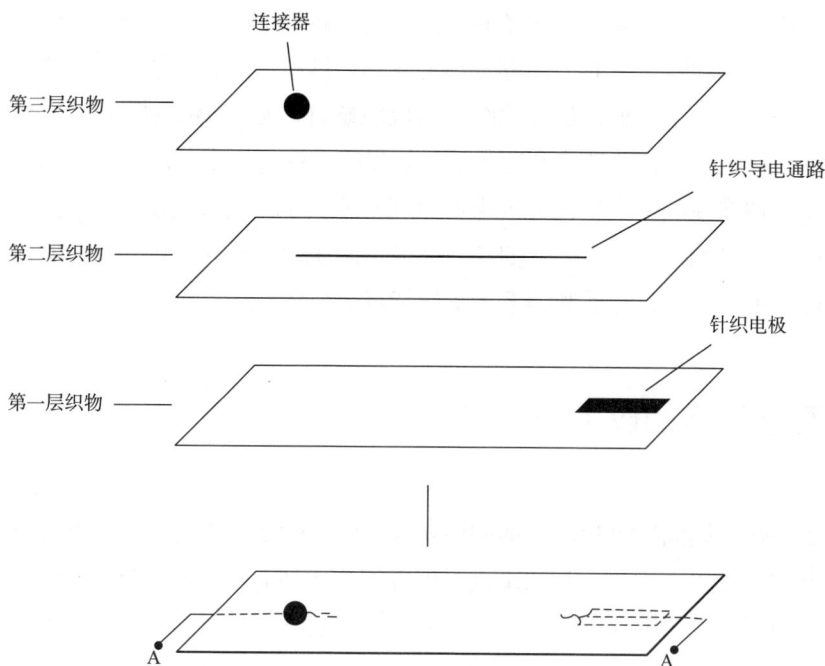

图 4.17　使用三层不同织物构建可穿戴针织电极系统

第二种方法是将构成该系统的所有组件编织在一块织物上，而非采用第一种方法中的三层独立织物层进行构建，如图 4.18 所示。该系统织物分为三个部分，第一部分为针织导电通路，第二部分为针织电极，第三部分为连接器。工作时沿着第一折叠线将第一部分与第二部分折叠，使得第一部分的针织导电通路与第二部分的针织电极耦合，针织电极的另一端与用户的皮肤相接触，然后沿第二折叠线将第三部分与第一部分折叠，使得第三部分的连接器与第一部分的针织导电通路相耦合，此时第一部分位于第二部分第三部分之间。图 4.19 为可穿戴针织电极系统的剖视图。

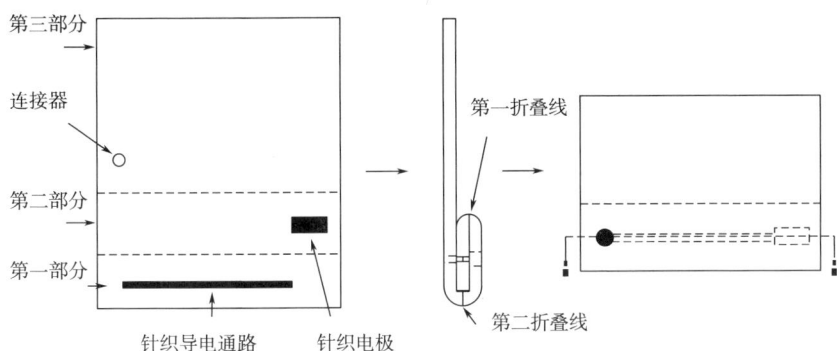

图 4.18　使用单一织物构建可穿戴针织电极系统

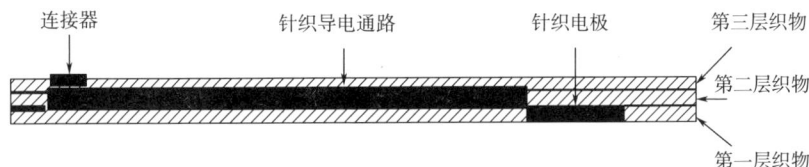

图 4.19　可穿戴针织电极系统的剖视图

与其他类似电极系统相比，这种可穿戴针织电极系统有独特优势。首先，除了上面提到的两种构造方法外，可穿戴针织电极系统可以采用无缝式的管状结构，如图 4.20 所示。采用该结构可以在一条织物带上配置一组电极，从而实现多个生理参数的同步监测。此外，该系统可以缝制在任何可穿戴的纺织产品上，例如，图 4.20 所示的背心、腰带、皮带、手臂带和大腿带等纺织产品上。与直接缝制在这些纺织品上的电极和导电通路相比，针织电极和导电通路具有更好的着装舒适度、更长的

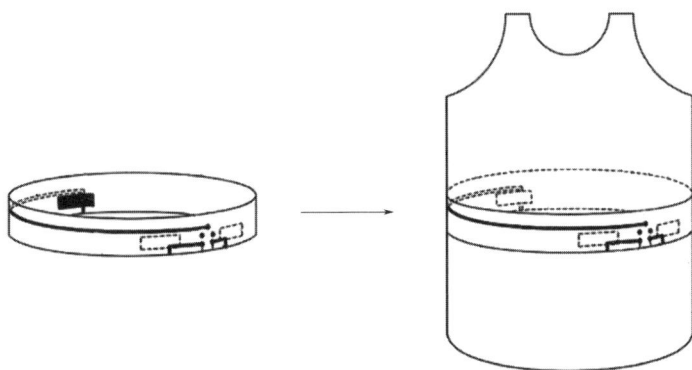

图 4.20　无缝式构造及其在背心上的应用

使用寿命以及更低的生产成本。针织物可以减少由缝份和缝线引起的皮肤擦伤，从而提供更好的着装舒适性；尽管该系统在重复使用和洗涤中容易磨损，但其使用寿命仍较长；由于整个系统的生产过程仅需要针织技术，并不涉及将电极和导电通路缝合至纺织品等的额外过程，因此该系统生产成本较低；更重要的是，这种可穿戴针织电极系统可以大规模地投入生产当中。

4.5　结论

运动服装的美学性和功能性得益于面料技术和服装制造方法的快速发展，提升运动服装的舒适性、手感以及美观性，极大地满足了消费者对运动服装的功能性、防护性、轻量化以及外观的需求。在过去一段时间，高科技纺织品和材料已经应用于运动服装的设计与制造，使得运动服装在提升着装者表现方面发挥了重要作用；未来，智能技术与运动服装的融合将会更加普遍。

===== **参考文献** =====

扫码查看本章参考文献

第5章 运动服装的感知舒适性与功能性评价

刘荣（Rong Liu），伊莱恩·冯（Elaine Fung），尤努斯·阿比达（Younus Abida）
时装及纺织学院，香港理工大学，红磡，香港，中国

5.1 引言

作为最基本的着装感受，服装的主观感知舒适性能是全球消费者选择功能性服装产品时所考虑的最重要的因素之一[1]。服装舒适性是一种复杂的主观感受，它与和人体相接触的材料、环境以及人体生理和心理感受均有关，其受许多定性及定量参数的影响。基于各项直接或间接方法的主客观评价，可以对着装体验及满意度的关键影响因素进行鉴别。美国材料与试验协会（ASTM）、美国纺织化学师与印染师协会（AATCC）以及国际标准化组织（ISO）的标准测试方法被广泛用于服装材料的物理机械性能测试。如今通过获取穿着功能服装的人体生理参数（如心率、血压、体温、耗氧量、血乳酸浓度以及骨骼肌肉活动），以评判着装者在运动时的健康和舒适度；服装也可用于跟踪测试或人体实验，以获得着装者当下或长期穿着服装后的心理反应（如美学上的喜好、舒适、沉重、柔软、刺痒、热感、黏感、紧身或压迫感）。运动服装材料与着装者的皮肤直接接触，因而可视为紧邻人体的微环境，而人体皮肤上的感受器（如力学感受器、热感受器、疼痛感受器），可以接收到热、冷、疼痛等的各类刺激[2]。各种服装材料相互作用刺激着皮肤上的感受器，再加上运动强度和环境参数（环境温度、相对湿度、辐射热和气流）的影响，从而导致人体获得不同程度的舒适感[3-4]。研究者建立了一项5Ps（物理、心理、生理、物理心理和心理生理特征）语境模型用于评价及优化运动服装的舒适性和功能性。这种新的设计模式将着装者、运动服装、身体直觉、运动环境和着装舒适性之间的各种关联融入一个主动设计系统，从而可以有效地获取满足目标消费者需求的研发策略[5]。图5.1所示为"运动服装—人体—环境"系统构成特征及其与人体主观舒适感的交互作用，该系统包含了前文提到的各项可能影响着装者（比如运动员）舒适性的服装特征。随着传感技术、电子技术，以及计算和信息技术的发展，人们开

发了大量的设备、方法和算法以有效地评估运动服装的功能性，这有助于建立着装舒适性与服装特征之间的关联，从而通过产品设计与优化使得着装舒适性达到最大化。

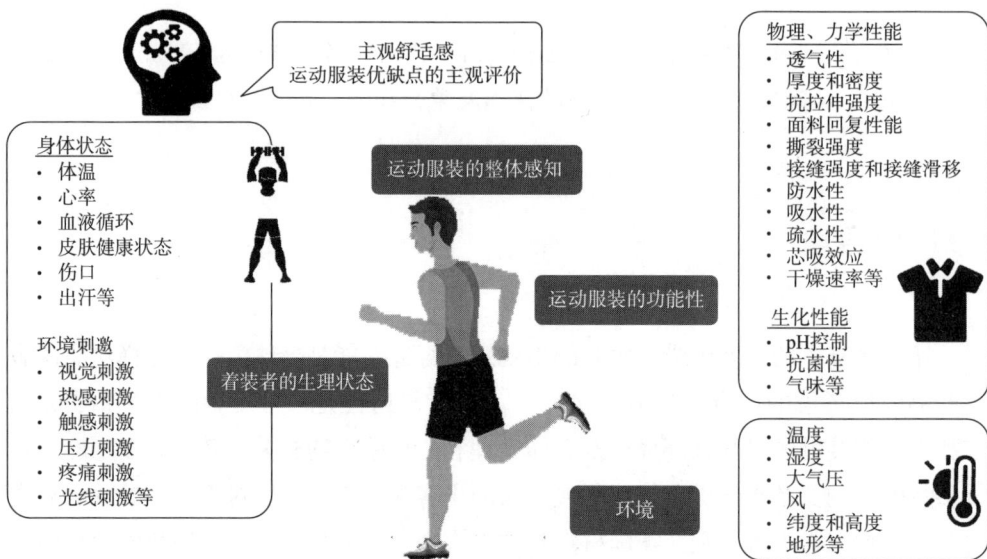

图5.1 "运动服装—人体—环境"系统构成特征及其与人体主观舒适感的交互作用

5.2 舒适性感知的过程

整体舒适感是大量感觉器官输出值加权的结果，例如皮肤、眼睛、耳朵、鼻子和嘴应对各种视觉（色彩、光、反射）、物理（热、冷）、力学（肌肉拉伸、关节旋转）和化学（气味、酸）刺激所作出的反应。器官将神经生理信号通过中枢神经系统传输给大脑，经过心理反应，产生了针对该种刺激的主观感觉。随后，将过去的经历和对未来期望做出心理上的比较，从而产生综合的结论。影响主观判断的因素包括喜好、期望、过往的经历和预判等[6]。图5.2所示为主观感知的过程。

服装舒适性可以通过认知负载理论来确定[7]。认知负载使用的是工作记忆（working memory）来解决问题[8]，工作记忆可以是短期的，也可以是长期的[9]。根据贝尔（Bell）等[7]的研究，服装的性能需求与着装者的工作记忆保持一致。如果运动服装的着装者感觉到着装舒适性很差，并且自己在运动过程中感觉到不舒适，这会影响穿着者短期的工作，并最终影响长期的工作记忆。通过查看运动服装性能的认知负载，着装者可以根据运动服装的感知舒适性建立属于自己的性能指标体系。

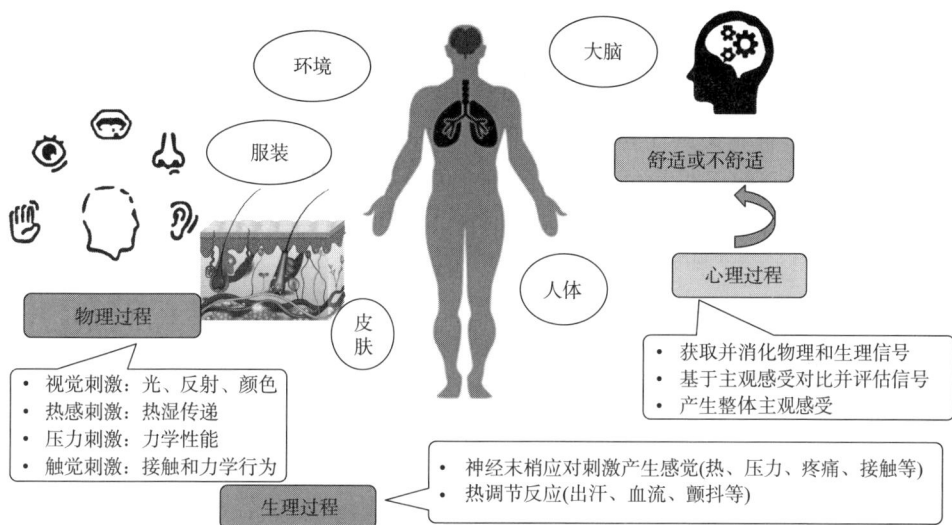

图 5.2　主观感知的过程

5.3　舒适性评估方法

除了基于消费者主观舒适性感觉的定性数据，量级评价中的定量数据对于更好地理解并提高运动服装的性能和功能同样重要。态度和感知量表可用于量化着装者对运动服装的主观反应，该量表包含了一组或多组评估单维度或多维度态度或感知的标尺。要求受访者对目标对象进行评级，评价依据是具有两个极端值及描述符的连续标尺，受访者可在从低到高的分数中进行选择，或按数字排序进行选择。为获得感知舒适度等的整体态度，量表可以针对某（目标）物体的特定方面进行设计，也可针对某物体的不同方面进行设计。

5.3.1　李克特（Likert）量表

李克特量表被广泛应用于各种心理测量学研究，以确定人们对事情的态度。李克特量表也被广泛应用于数学教学研究中，以显示心理测量信息与实践之间的关系[10]。如 5.1 节中指出，运动服装的着装舒适性在很大程度上受到五项关键因素的影响，包括物理因素、心理因素、生理因素、心理物理因素和心理生理因素[5]。李克特量表可采用问题陈述句的形式呈现，配以数量标尺以帮助受试者针对与舒适性相关的五级程度特征给出相匹配的数值评级（图 5.3）。李克特量表广泛使用五级有序的反馈等级（比如强烈同意、同意、中立、反对、强烈反对）。在获取了确切的反馈数值后，计算平均值以进行更详细的数据分析[11]。对运动服装的着装者而言，会使用一些更加需要关注的性能评价指标来评估（如热湿舒适感、紧身感或压力感、接触感等），这有助于更好地理解影响着装者舒适感的因素。

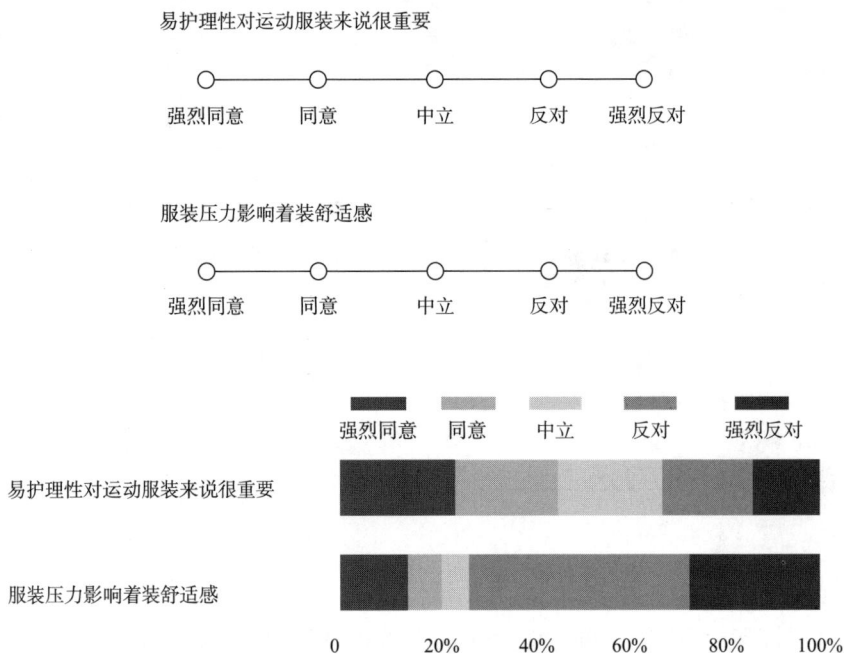

图 5.3 李克特量表用于运动服装评估的示例

5.3.2 视觉模拟量表

视觉模拟量表（VAS）为一维量度量表，被广泛用于度量那些无法直接通过测试获取的着装者的态度或特征。例如，疼痛是个人的主观感觉，无法被测量或量化，而疼痛视觉模拟量表使用一系列描述符代表疼痛的等级，分数越高，表示疼痛感越强烈，其中四、五级视觉模拟量表常分别用于评估临床和治疗效果。图 5.4 所示为视觉模拟量表评价疼痛示例。

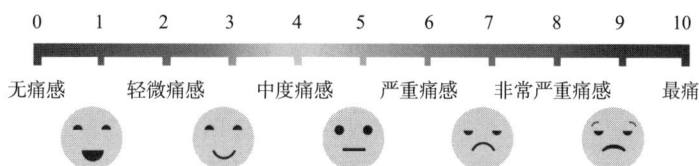

图 5.4　视觉模拟量表评价疼痛感示例

5.4　功能性评价：面料层级（二维）

运动服装的功能性可通过二维层面的面料和三维层面的服装测试获得。运动服装的活动性能和舒适性能取决于材料的本身特性或是与材料特性有关的其他影响因素。本小节将简要介绍面料层级的评价方法，主要包括三大因素：物理特性（透气性、热阻、透湿性、厚度、密度、克重和防风性）、力学性能（弹性及回复性）、生化性能（酸性、pH、抗菌性）。表 5.1 给出全球不同组织机构使用的运动服装基础性能及高性能特征测试方法。

表 5.1　运动服装基础性能及高性能特征测试方法

高性能纺织品测试	测试标准					
	ISO	GB、CNS、FZ/T	BS	JIS、JEC	AS、NZS	ASTM、AATCC
舒适性						
透湿性测试		GB/T 12704.1 GB/T 12704.2 CNS 12222 L3223	BS 7209 BS 3424 第 34部分方法 37 BS 3546	JIS L1099 A-1（$CaCl^2$） JIS L1099 A-2（水） JIS L1099 B-1/B-2（醋酸钾）		ASTM E96
防臭测试	ISO 17299-2（氨） ISO 17299-2（醋酸） ISO 17299-3（19／5000方法 A 等戊） ISO 17299-3（2-壬烯醛）			JEC 301-2015（氨） JEC 301-2015（醋酸） ISO 301-2015（异戊酸） JEC 301-2015（2-壬烯醛）		

高性能纺织品测试	测试标准					
	ISO	GB、CNS、FZ/T	BS	JIS、JEC	AS、NZS	ASTM、AATCC
湿管理性能测试		GB/T 21655.2 CNS 15659-2 L1038-2				AATCC 195
快干性能测试		GB/T 21655.1 8.3		JIS L 1096 8.25		AATCC 199 AATCC 200 AATCC 201
拉伸和回复性测试		FZ/T 70006 FZ/T 73013 5.4.6 FZ/T 73019.2 6.3.6	BS EN 14704-1 方法 A&B BS 4294 BS 4952（替代 BS EN 14704- 102005）BS EN 14704-3 方法 A	JIS L 1018 JIS L 1096		ASTM D2594 ASTM D4964 ASTM D6614 ASTM D3 107
防护性						
抗菌性测试	ISO 22196 ISO 20743	GB/T 20944.2 GB/T 20911.3 FZ/T 73023 附录 D 吸收方法 FZ/T 73023 附录 D（摇晃方法）		JIS L 1902 JIS Z 2801		ASTM E2149 ASTM E2180 AATCC 100
抗静电测试		GB/T 22042	BS EN 1149-1			AATCC 76 AATCC 84
紫外线防护系数测试—抗紫外线测试		GB/T 18830 CNS 15001 L1035	BS EN 13758- 1/2 BS 8466 帽子抗 紫外线性能 BS 7914		AS/NZS 4399	ASTM D6544 ＋D6603 AATCC 183
疏水性测试	ISO 4920	GB/T 4745 CNS 10461 L3202FZ/ T81010	BS EN ISO 24920 BS 3424：第 26 部分方法 29D	JIS L1092	AS 2001- 2-16-1987	AATCC 22
防水性测试	ISO 22958 ISO 811 ISO 1420	GB/T 23321 GB/T 4744 CNS 10460 L3201	BS 3424 第 26 部分方法 29A 静压 BS EN ISO 20811	JIS L1092 A JIS L 1092 B	AS 1066 方法 2 （替代 AS 2001.2.16- 18）	ASTM D751 程序 A （Mullen 测试 仪） AATCC 35 （降雨测试） AATCC 127

高性能纺织品测试	测试标准					
	ISO	GB、CNS、FZ/T	BS	JIS、JEC	AS、NZS	ASTM、AATCC
抗风化性能测试	ISO 105 B06 ISO 105 B10 ISO 4892-3	FZ/T 14023 FZ/T 01008 FZ/T 14023 附录 A				ASTM G 155 ASTM G 154 ASTM D4329 ASTM D4587 ASTM D5208 ASTM D4329 AATCC 186
易护理性能						
土壤释放测试		GB/T 30159.1 （仅液体污渍） CNS 11309 L3218 FZ/T 01118 FZ/T 24012 附录 A				AATCC 130
抗皱性测试	ISO 7768 ISO 7769 ISO 9867					AATCC 124 AATCC 128

注　ISO 为国际标准化组织；GB 为中国国家标准；CNS、FZ/T 为纺织行业标准；BS 为英国标准；JIS 为日本行业标准；JEC 为日本电工委员会；ASTM 为美国测试与材料标准协会；AATCC 为美国纺织化学与染整家协会。

5.4.1　物理和力学性能及其评价

与舒适性相关的材料物理性能包括透气性、厚度、抗拉伸强度、回复性能、撕裂强度、接缝强度和接缝滑移[3]。详细的评价方法讨论如下。

5.4.1.1　透气性和厚度

面料的透气性是影响服装舒适性的主要因素之一[12]，可根据 ASTM D737 或 BS EN ISO 9237 等标准，由专用的透气性测试装置［图 5.5（a）］测得。AATCC 指出该测试的过程为：样本被固定在透气性测试仪上，测试仪在样本两侧产生空气压力差。样本的透气性通过测量压强差的下降速率获得，压强差下降速率越低，表明面料透气性越差。

面料的透气性受面料厚度的影响。面料厚度的测试过程为：将面料放置在标准厚度测量仪上方的基准板上，通过测试仪的平行压脚给面料施压，然后测量平行压脚与基准板之间的距离，该值即为面料的厚度［图5.5（b）］。

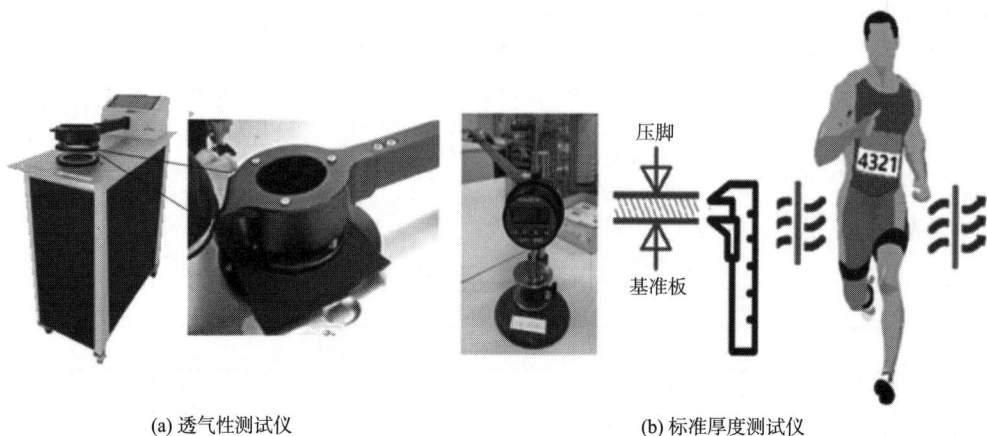

(a) 透气性测试仪 (b) 标准厚度测试仪

图 5.5　透气性和标准厚度测试仪

5.4.1.2　抗拉伸强度

合体性已成为适体运动服装的一项主要评价标准[13]，运动服装的合体性受人体运动方式、人体形态、服装尺寸和面料弹性的影响[14]。抗拉伸强度是评估运动服装面料弹性的方法之一，是指面料在断裂前能承受的最大拉伸力。弹性面料的抗拉伸强力可通过织物等速伸长（CRE）强力测试仪［图5.6（a）］测量获得。测试时固定面料的一端，使用可移动装置拉伸面料另一端，拉伸过程中记录随时间变化的拉伸力（匀速变化）和面料断裂的时间点。

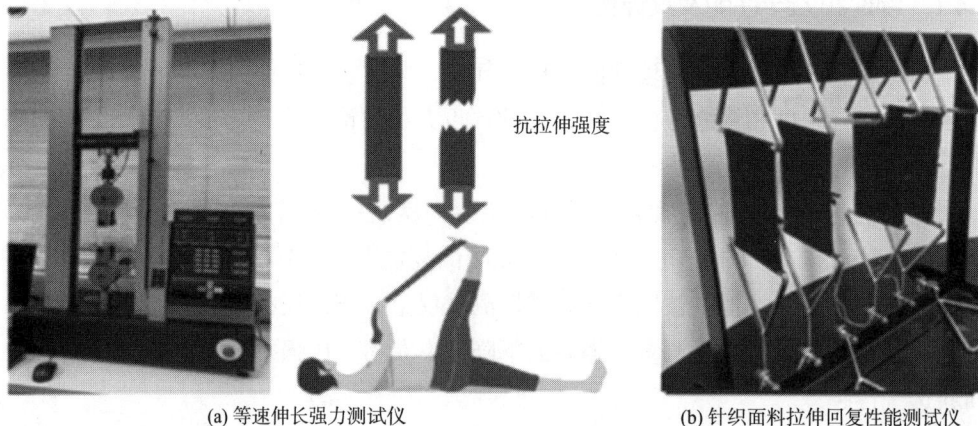

抗拉伸强度

(a) 等速伸长强力测试仪 (b) 针织面料拉伸回复性能测试仪

图 5.6　等速伸长强力测试仪和拉伸回复性能测试仪

5.4.1.3　回复性能

人在运动过程中，肌肉频繁受到拉伸，同时皮肤也不断拉伸，拉伸程度达到 10%～50%[15]。为了提高运动员的运动成绩，运动服装普遍使用弹性面料，一方面使得人体在运动过程中的拉伸变得容易，另一方面也可通过面料的高度回复性能阻止人体肌肉的拉伸。面料的回复性能是指面料在经受重复性物理拉伸后，可以回复到原本尺寸和形状的性能[16]。弹性面料的回复性能分为两类[15]：动态弹性回复（DER）和静态弹性回复（SER）。DER 是指人体运动时运动服装的瞬态变化，SER 是指运动服装的尺寸稳定性。通过分析 DER 和 SER，便可筛选出有助于提高运动员运动成绩的运动服装。目前使用最广泛的运动服装面料回复性能的测试方法是 ASTM D2594：低强度针织物拉伸性能的标准测试方法。使用针织物拉伸回复性能测试仪［图 5.6（b）］，给弹性针织物施以指定的拉伸力，同时测量和记录面料的拉伸和回复状况[17]。

5.4.1.4　撕裂强度

人体在从事高强度的运动时，所穿着运动服装的面料也不断受到拉伸，这就有可能导致面料撕裂。通过使用爱利门道夫（Elmendorf）测试仪［图 5.7（a）］和通用强度测试仪［图 5.7（b）］，可测试并记录持续撕裂面料需要的最大强度，即为面料的撕裂强度。

(a) 爱利门道夫测试仪　　　　　　　(b) 通用强度测试仪

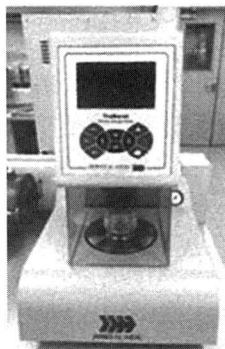

图 5.7　爱利门道夫测试仪和通用强度测试仪

5.4.1.5　接缝强度和接缝滑移

接缝质量是影响服装可持续使用性能的重要因素之一[18]，尤其是针对运动服装这一特殊品类，其在使用过程中易遭受强烈的物理机械磨损。破坏接缝所需要的最大强度即为接缝强度，可使用如图 5.6（a）所示的等速伸长强力测试仪测量获得。

图 5.8（a）所示为接缝滑移测试仪，测试过程中面料接缝被放置在两个压脚中间，然后对接缝施以拉伸力。使接缝产生位移，但尚不至于破坏接缝时的力即为接缝滑移值。

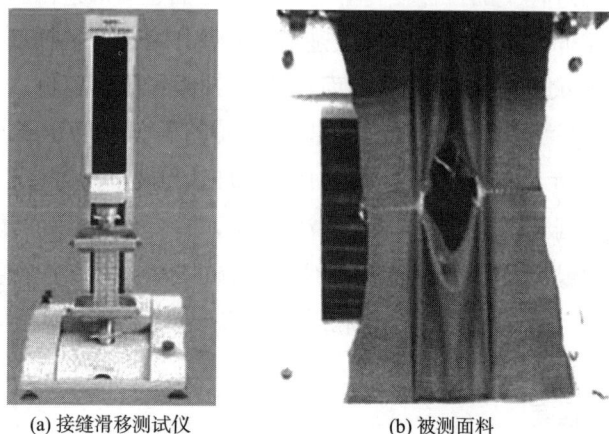

(a) 接缝滑移测试仪　　　　　　(b) 被测面料

图 5.8　接缝滑移测试仪和被测面料

5.4.2　热湿性能及其评价

运动服装的湿传递性能严重影响着装者的主观热舒适性。根据赫斯（Hes）和威廉姆斯（Willams）的研究[19]，如果服装可以协助人体进行热平衡，并使人体体温维持在 37℃，那么该服装即可被认为是能够有效维持人体舒适性的服装。这是因为恒定体温意味着人体在吸收恒定热量的同时，多余的热量会从人体经由服装散发至外环境[20]。人体温度受运动服装湿管理性能的影响，湿管理性能与高强度体育活动中人体的舒适感等级直接相关。人体在从事高强度活动后，湿气由皮肤表面传递至外环境，然后随汗液蒸发并促进了人体的热调节[21]。湿管理指标（MMI）被广泛用于表征面料的湿管理性能。MMI 由五项测试参数共同决定，包括防水性能、吸水性能、疏水性能、芯吸性能和干燥速率。运动服装的热学性能主要通过热阻来评估。

5.4.2.1　防水性能

运动服装面料的防水性可根据标准 AATCC 35 防水性测试：雨淋测试进行。使用雨淋测试仪（图 5.9），给运动服装面料表面施加水，将吸墨纸放置于测试面料背后并保持一段时间，然后测量被吸墨纸吸收的水量。通过量化吸墨纸吸收的水量来表征面料的防水性等级。此外，运动服装面料的防水性也可根据标准 AATCC 22 拒水性能测试喷淋法进行测量。测试过程中，持续地给运动服装面料表面喷射液态水，然后根据面料表面被润湿的面积来评估其防水性。

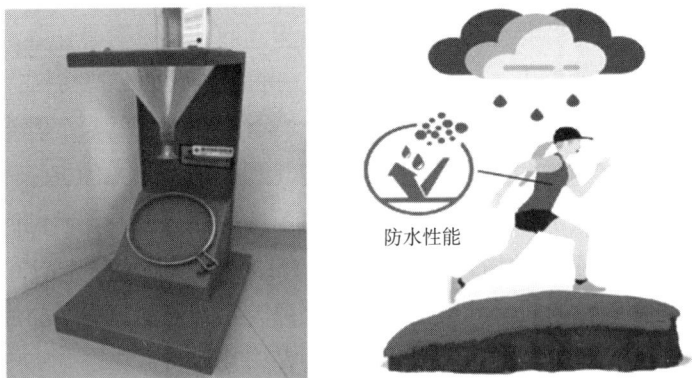

图 5.9　雨淋测试仪

5.4.2.2　吸水性能

运动服装面料的吸水性能可参考 AATCC TM 79 纺织品吸水性或 ASTM TS-018 吸水性测试方法来获得。测试过程中首先将测试面料样本置于绣花箍中，以去除面料表面的折痕。然后，在距离面料表面 9.5mm 处，使用滴管给面料表面施加一滴水。记录面料完全吸收这滴水需要的时间。

5.4.2.3　疏水性能

疏水性可根据标准 AATCC 127 耐水性：抗静水压试验进行测量（图 5.10）。测试过程中，给面料表面施加 5 滴水，然后测量迫使水滴穿过面料需要的压力。也可根据 AATCC 193 抗润湿性：防水／乙醇溶液试验进行测量，依据被面料吸收的液体

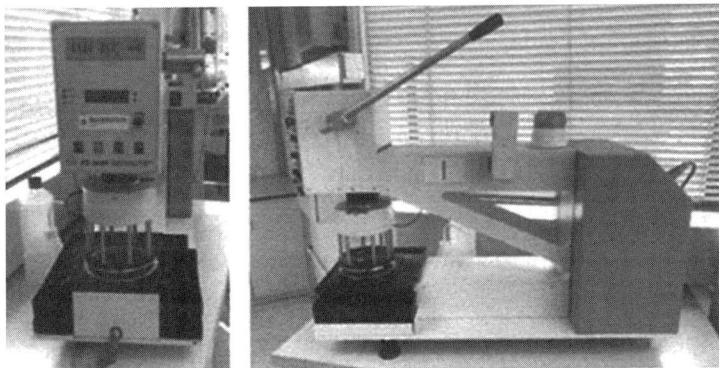

图 5.10　静水压测试仪

混合物量来决定面料的疏水性能。测试中使用的液体为乙醇和水的混合物，记录面料吸收混合液体所需的时间，同时对未被面料吸收的液体进行等级划分。

5.4.2.4　芯吸性能

为保障着装者在高强度运动后的舒适性，运动服装面料需要具备将湿气从皮肤表面传输至面料表面的能力（图 5.11），即织物的芯吸效应，湿气可以经由织物的毛细管移动至外表面。通过测量芯吸速率，获取织物将汗液从皮肤表面输送至织物表面的能力。芯吸速率的测试方法有：AATCC TM 197 纺织品垂直芯吸（考虑重力影响）和 AATCC TM 198 纺织品水平芯吸（不考虑重力影响）。根据这两种方法，可以测得液体在织物上移动指定距离所需要的时间，以及在指定时间可移动的距离。通过分析测试所得的数据，可知织物将水分由一处传递至另一处的能力。水分在移动指定距离所需时间越短，表明所测运动服装面料的芯吸能力越强。

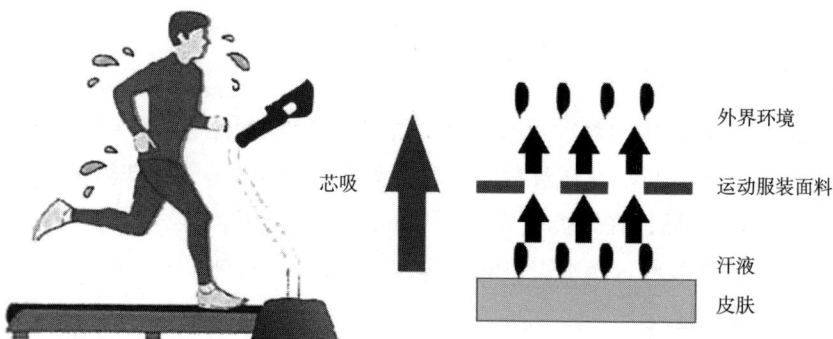

图 5.11　人体运动过程中面料芯吸汗液的过程

5.4.2.5　干燥速率

干燥速率用以表征运动服装面料的干燥能力。如果面料不易干燥，即使面料的芯吸能力很强，那么湿气也会滞留在服装内部，从而导致着装者湿感严重，影响穿着舒适性。干燥速率测试标准有 AATCC TM 199 纺织品干燥时间：水分分析法和AATCC TM 200，201 纺织品干燥速率：热平板仪法。前者通过使用水分重量分析仪，可测得指定评估温度下（37℃）面料的干燥时间；后者通过测量织物润湿后的重量变化来表征其干燥速率。AATCC TM 201 使用热平板仪进行测试，测试过程中将运动服装面料浸于指定质量的水中（面料质量的 2.5 ~ 3 倍），然后将面料放置于与人体同样温度（37℃）的热平板仪上，每 5min 测量一次面料质量。当面料的质量下降至低于原始质量的 105%，则认为面料已干燥。实验中记录的单位时间质量变化即为干燥速率。

5.4.2.6　热阻

纺织品的热学性能与着装者的热感觉关系紧密[22-23]。热阻作为织物的热学性能之一，可通过测量与皮肤相接触的织物两侧的温差来决定[24]。使用出汗热平板来模拟热量在皮肤与面料之间的热传递过程[25]。出汗热平板由一块金属板和包围金属板的热护板组成。热平板底部温度保持不变，热量仅在测试样本处产生。当测试达到稳态时，测量样本上方空气层和样本表面的温度[26]，通过计算样本两侧温差与样本单位面积热量的比值[24-25]，便可获得织物热阻值。

5.4.3　生物和化学性能及其评价

大多数功能性纺织品都会经过生物和化学后整理，以提高其着装性能。生物和化学测试的开展有助于保证纺织品满足相关的标准，并提前预判和解决生产过程中和用户使用过程中可能出现的问题。

5.4.3.1　纤维成分

纺织品用纤维分为合成纤维和天然纤维两大类。天然纤维又包括蛋白质纤维（动物纤维）和纤维素纤维（植物纤维）。可根据 AATCC TM 20 纤维定性分析和 TM 20A 纤维定量分析来识别运动服装用纤维种类。前者为视觉检测，使用显微镜根据纤维横纵截面的形态判断纤维种类；后者为化学检测，包含燃烧纤维、给纤维染色以及分析纤维的溶解度。表 5.2 给出合成纤维在不同溶液中的溶解度[27]。

表 5.2　合成纤维在不同溶液中的溶解度

运动服装合成纤维	5min, 20℃, 85% 甲酸	5min, 139℃, 间甲酚（甘油浴）	10min, 90℃, 二甲基甲酰胺
尼龙 6	可溶	可溶	可溶
尼龙 66	可溶	可溶	不可溶
聚丙烯纤维	不可溶	大量成型塑料	不可溶
聚酯纤维（涤纶）	不可溶	可溶	可溶

5.4.3.2　pH

经过化学后整理之后，运动服装面料上可能会残留酸性化学物质，这不仅会影响面料的 pH，甚至会由于面料与皮肤的接触导致皮肤过敏。可根据 AATCC TM 81 湿加工时纺织品水萃取 pH[28]，测试酸性 / 碱性物质是否已从面料表面去除。测试时取（10±0.1）g 的运动服装面料作为样本，将 250mL 的蒸馏水煮沸 10min，然后将样本放入沸水中再煮 10min；接着将样本和水放进带盖的烧杯中自然冷却至室温，最后用镊子取出样本，让多余的液体滴入烧杯内，测试烧杯内液体的 pH。

5.4.3.3 抗菌性

抗菌性是影响服装舒适性的重要因素之一。服用纺织品是细菌生长的良好媒介，尤其是紧身类运动服装[29]。人体汗液会产生不良气味，从而影响着装舒适感。细菌也会导致各类皮肤疾病的发生，从而影响着装者的健康[30-31]。为了测试面料的抗菌性能，需要在面料上接种细菌，培养后将测试样本放入中和溶液中并摇晃，将细菌从样本中脱落。通过清点细菌数量，便可得知样本的抗菌性。细菌数量减少得越多，意味着样本的抗菌性能越优。

5.4.3.4 气味测试

这里的气味是指由挥发性化学物质引起的人身上散发的味道。体育运动为高强度活动，人在活动中会大量产热，然后通过出汗来调节体温。汗液会经由汗腺由皮肤内层传递至皮肤外层，汗液会产生挥发性化学物质以及难闻的气味。为了解决该问题，不少学者针对该系统展开研究，期望找寻吸收气味的方法[32-33]。研究者通过一项研究来测试织物的气味特征（图 5.12）。将一块织物样本（40g）放置于盛有碳酸钠溶液（300mL）的密闭容器中，然后将该密闭容器置于（37±2）℃的炉内 15h。至少有 6 人参与气味的主观评价，根据五级评价标尺对散发的气味等级进行评估。等级 1 为无味；等级 2 为轻微味道；等级 3 为可忍受的味道；等级 4 为令人讨厌的味道；等级 5 为无法忍受的味道。详细的测试方法和测试步骤可参见 SNV 195651：气味测试（感官测试）等。

五级评价标尺：
等级1为无味；等级2为轻微味道；等级3为可忍受的味道；等级4为令人讨厌的味道；等级5为无法忍受的味道

测试标准：
- SNV 195651
- GB/T 14272
- JIS L1093
- Fed. Std. 148a 方法11

图 5.12　气味测试

5.5　功能性评价：服装层级（三维）

运动服装的材料和功能影响其动态着装性能。材料的实验室测试在可控环境下进行，而且测试结果可以低成本快速重现。但是，面料层面的实验室测试结果无法完全反映服装的整体舒适性、生理学优势以及生物力学行为。因此，人们使用各种假人以及真人测试，以评估服装的三维动态着装性能。暖体、出汗、压力假人是服装性能客观评价中最常用的几种假人。真人实验常在温湿度和风速等参数可控的气候舱或实验室内进行，运动服装测试中常用跑步机和自行车等设备。实验过程中将各种探测器或传感器粘贴于假人或真人体表，以采集各类物理、机械或生理数据，例如热阻、含水量、湿阻、透气性、散热量、压力、皮肤温度、皮肤湿度、心率、血压、表皮含水量、耗氧量、血流速率等。

5.5.1　气候舱内的假人评价

近年来，静态或可行走出汗暖体假人在基础性研究以及高性能服装研究中的应用快速发展。出汗暖体假人可模拟人体的散热、蒸发热流、恒定皮肤温度、热应激等，从而评估各种因素（如环境温度、人体活动水平、服装构造、材料特征）对人体热生理反应和舒适感的影响[34]。暖体假人通常由铜、塑料、防水材料等制成，内置加热及出汗可控子系统、数据测量和分析子系统。广为使用的出汗暖体假人包括芬兰科珀柳斯（Copperlius）、日本塔罗（TARO）、日本京都电子（KEM）、中国香港沃尔特（Walter）、瑞士山姆（SAM）、美国牛顿（Newton）、美国亚当（ADAM）[3, 35]。表 5.3 给出使用假人评估热舒适性的测试标准。

表 5.3　使用假人评估热舒适性的测试标准

标准	描述
ASTM F1291	使用暖体假人测量服装热阻的标准测试方法
ASTM F2370	使用出汗假人测量服装湿阻的标准测试方法
ASTM F1720	使用暖体假人测量睡袋热阻的标准测试方法
ASHARE 3739	使用皮温可控暖体假人评估热环境的方法
EN-ISO 15831	使用暖体假人测量服装热阻
ISO 9920	成套服装热湿阻评定

续表

标准	描述
ENV 342	防寒服
ASHARE HI-02-17-4	使用暖体假人测量热舒适性和局部不舒适性

注 ASHARE 为美国制冷与空调工程师学会；ENV 为欧洲预备标准。

除了出汗暖体假人，静态或动态压力暖体假人也被用于直接测试弹性或紧身服装的压力。多个压力传感器置于假人表面的各个部位，以测量并收集服装施于人体的压力数据，然后传递至数据接收装置。为了更切实际地模拟人体体型，这些假人可在前后内侧方向上进行一定程度的横向延伸（如 5cm）[36-37]。这些假人测试系统为评估运动服装的压力、出汗和热学性能提供了便捷工具，因而也为产业内功能服装的设计和研发奠定了基础。

5.5.2 心理—生理着装试验

真人着装试验既费时又费力。为了获得可靠的数据，需要进行大量的实验，并寻找合适的数据统计方法对实验数据展开分析。真人着装实验的主要挑战都与受试者有关，包括受试者的参与度、健康状况、体重稳定性、情绪等。这些因素会一定程度影响实验的可重复性和结果的一致性。一项研究分析了运动服装种类对年轻运动员生理特征的影响[38-39]。

研究案例：共有 5 名健康男性参与了这项研究，其平均年龄为 22.4 岁，身高 179.32cm，体重 64.05kg，身体质量指数（BMI）为 19.95kg/m²。研究评估了四组天然及合成纤维制成的跑步套装以及交叉训练套装的功能特性。这四套运动套装是通过沃尔特出汗假人实验筛选出来的。四套运动服装用到了酷美丝纤维、梅丽尔（Meryl）超细尼龙、抗菌处理以抑制气味的涤纶、热塑性聚氨酯（TPU）（表 5.4）。

表 5.4 所测运动服装的基础特性

样本编号	纤维和设计特征	面料特征
CFA-1	酷美丝涤纶／莱卡，全套服装，含有支撑带	密度：上装 3886 针／平方英寸，下装 3762 针／平方英寸；克重：291.02g／平方英寸
CFA-2	梅丽尔超细纤维／莱卡，全套服装，采用梯度压力设计	密度：上装 3886 针／平方英寸，下装 3968 针／平方英寸；克重：336.55g／平方英寸
CFA-3	涤纶／氨纶，全套服装，质轻、湿管理性能优良	密度：上装 3355 针／平方英寸，下装 3036 针／平方英寸；克重：282.33g／平方英寸

样本编号	纤维和设计特征	面料特征
CFA-4	尼龙/氨纶，全套服装，含有 TPU 支撑网	密度：上装 2450 针/平方英寸，下装 3710 针/平方英寸；克重：392.86g/平方英寸

实验过程中，选择在不同阶段（开始、中间、休息、结束）以及不同运动强度（3.5 英里/h、6 英里/h、8 英里/h，1 英里 =1.61km）下测试人体的生理参数（心率、血压、血氧浓度、心肌氧耗率、皮肤温度、服装温度）。使用多通道荷富力（FlexiForce）薄膜压力传感器和压力监测系统获取人体 16 个部位的皮肤压力这一生物力学指标。实验方法见表 5.5。

表 5.5　生理实验方法

时长（min）	累计时间（min）	活动	测量的生理指标
10	0 ~ 10	穿上实验服装	实验前体重、服装质量
20	0 ~ 20	休息、拉伸	HR、BP、SpO_2、DP、T_{sk}、T_{ga}、CS
5	20 ~ 25	行走（3.5 英里/h）	HR、SpO_2
1	25 ~ 26	休息 1（行走后）	HR、BP、SpO_2、DP、T_{sk}、T_{ga}、CS
5	26 ~ 31	跑步（6 英里/h）	HR、SpO_2
a	31 ~ 32	跑步中测试	HR、BP、SpO_2、DP
5	32 ~ 37	跑步（8 英里/h）	HR、SpO_2
1	37 ~ 38	休息 2（跑步后）	HR、BP、SpO_2、DP、T_{sk}、T_{ga}、CS
5	38 ~ 43	跑步（8 英里/h）	HR、SpO_2
a	43 ~ 44	跑步中测试	HR、BP、SpO_2、DP
5	44 ~ 48	跑步（8 英里/h）	HR、SpO_2
1	48 ~ 49	休息 3（跑步后）	HR、BP、SpO_2、DP、T_{sk}、T_{ga}、CS
5	49 ~ 54	行走（3.5 英里/h）	HR、SpO_2
10	54 ~ 64	休息、拉伸	HR、BP、SpO_2、DP、T_{sk}、T_{ga}、CS
10	64 ~ 74	脱下实验服装	实验后体重、服装重量

注　a 为跑步过程中测试；HR 为心率；SpO_2 为血氧水平；BP 为血压；DP 为心肌消耗；T_{sk} 为皮肤温度；T_{ga} 为服装温度；CS 为舒适度调查。

图 5.13 给出了部分实验装备（跑步机和血氧浓度电极片），以及四套运动服装的正视图和背视图。实验结果显示，与对照组相比，穿着合体运动服装可以使人体

的血氧浓度维持在正常范围内，并使人体保持较低的心肌耗氧量、心率和皮肤温度。图5.14（a）给出穿着四套测试服装和对照组服装时人体心率的动态变化情况。生理及心理反应与运动服装的物理—机械性能、传递性能以及合体性都有关。运动强度的变化也会对男性受试者的生理反应以及周边微环境产生影响。所研究的四套

(a) 人体实验设置

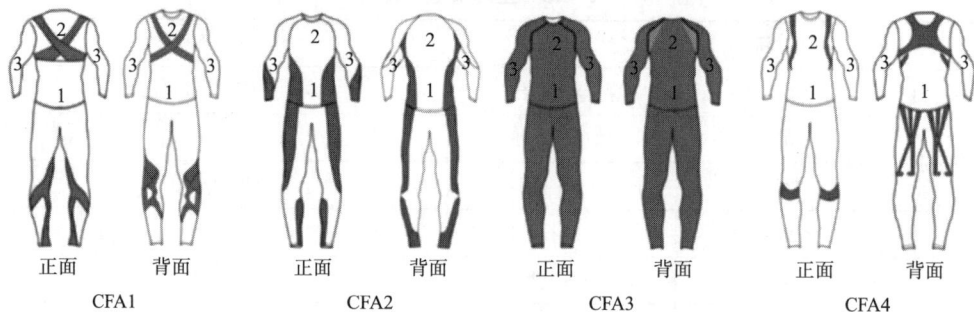

正面　背面　　正面　背面　　正面　背面　　正面　背面

CFA1　　　　CFA2　　　　CFA3　　　　CFA4

(b) 被测运动服装

图 5.13　部分实验装备

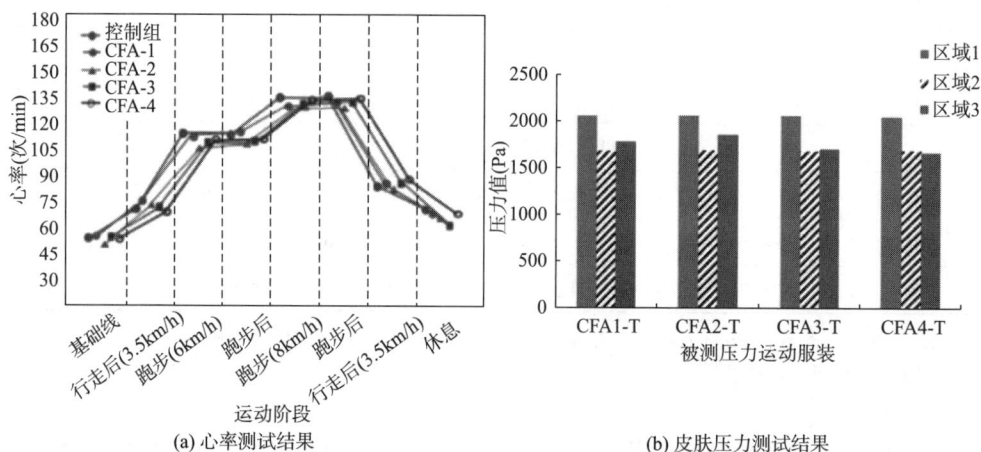

(a) 心率测试结果

(b) 皮肤压力测试结果

图 5.14　心率和皮肤压力测试结果

运动服装施加于人体皮肤表面的压力范围为 1679.88 ～ 2752.89Pa［图 5.14（b）］。CFA-2 和 CFA-3 两套服装有压力渐变式设计、质轻、热湿管理功能等，这两套服装在实验前后的表现相对一致，而且受试者在实验结束后给出了相比其他服装更高的舒适感评分。

此外，为了研究运动服装的功能性，人们还测量了很多其他的生理参数。例如，李（Lee）等[40]评估了紧身服装对核心温度和唾液褪黑激素的昼夜节律的影响。刘等[41-43]评估了压力型纺织品和服装对女性下肢血流、血管功能、静息唾液皮脂醇以及尿儿茶酚胺排出的影响。宫佐次（Miyasuji）等[44]使用功率图谱分析心率变化，研究了不同类型的文胸的压力对自主神经系统活动的影响。

5.5.3 生物—力学着装试验

随着人们越来越关注健康，运动服装和各类辅助装置逐渐将生物力学因素纳入考量，以更好地给人体关节、肌肉活动和肢体运动提供支撑。生物力学因素不仅影响着装者的舒适感，而且影响工效舒适性，进而影响人体的健康和活动性能。面料形态、弹性、刚度以及服装结构版型[45]与运动服装的生物力学性能紧密相关，可通过测量服装压力或肢体旋转水平进行评估，也可通过人体三维动作捕捉系统进行评估。

5.5.3.1 压力评估

开发高精度压力传感器是功能性评估领域的巨大挑战。服装压力测试中可变因素很多，包括复杂接触面、可拉伸变形织物、可变形人体组织，这些都要求用于测试的压力传感器拥有高度灵活性，并可在重复测试中获得一致的结果[46]。测量接触面压力的传感器种类繁多，比如，刘（Liu）等[39, 47-48]曾使用 Flexiforce 接触型压力传感器、充气式压力传感器、自主研发的多通道信号处理系统，评估压力袜和运动服装的压力。Flexiforce 压力传感器泰克斯坎（Tekscan）为压电式传感器，超薄（0.1mm 或 0.004in）且灵活［图 5.15（a）］，在有接触的条件下，它对测量结果影响很小。赖和曾黎（Lai& Li-Tsang）[49]使用普莱恩斯（Pliance）X 系统［图 5.15（b）］测量压力服和交界面的压力，并通过真人着装实验对测试结果进行了验证，更多压力传感装备如下。

（1）气动压力传感器。

牛津压力监测传感器——泰特力有限公司，拉姆齐，汉普郡，英国（TalleyLtd.，Ramsey，Hampshire，UK）。

数字接口压力传感器——次世代公司，特曼库拉，加州，美国（Next Generation

Corporation，Temecula，CA.，USA）。

扎尔茨曼 MST MKIII 传感器——扎尔茨曼医疗器械公司，圣加仑，瑞士（Salzmann Medico，St Gallen，Switzerland）。

奇库姬姆传感器——医疗贸易公司，索罗，丹麦（Meditrade，Soro，Denmark）。

（2）电容式压力传感器。

库利特 XTM 190——库利特半导体产品公司，莱昂尔，新泽西州，美国（Kulite Semiconductor Products，Leonia，NJ.，USA）。

精密传感器——精密测量公司，安娜堡，密歇根州，美国（Precision Measurement Corporation，Ann Arbor，MI.，USA）。

X 传感器——王冠生物，贝尔维尔，伊利诺伊州，美国（Crown Therapeutics，Belleville. IL.，USA）。

皮联斯压力传感器——慕尼黑，德国（Novel Munich，Germany）。

（3）压电式或充液式压力传感器。

MCDM-1——马门多夫物理研究所，慕尼黑，德国（Mammendorfer Inst. Physik，Munich，Germany）。

荷富力——泰克斯坎，南波士顿，马萨诸塞州，美国（Tekscan，South Boston，MA.，USA）。

斯特拉思克莱德压力监测器——斯特拉思克莱德大学，苏格兰（University of Strathclyde，Scotland）。

跳跃式空气包分析仪——安迈公司，日本（AMI Corporation，Japan）。

（4）电阻式和应变式压力传感器。

富斯坎，艾斯坎——泰克斯坎，南波士顿，马萨诸塞州，美国（Tekscan，South Boston，MA.，USA）。

Rincoe 套筒装配系统（SFS）——Rincoe 和 Associates 公司，金恩，科罗拉多州，美国（Rincoe and Associates，Golden，CO.，USA）。

MCDM——曼姆恩多夫物理研究所，慕尼黑，德国（Mammendorfer Inst. Physik，Munich，Germany）。

迪亚—斯特龙—迪亚——斯特龙有限公司，安多弗，汉普郡，英国（Stron Ltd. Andover，Hampshire，UK）。

上述各传感器的优缺点总结见表 5.6。

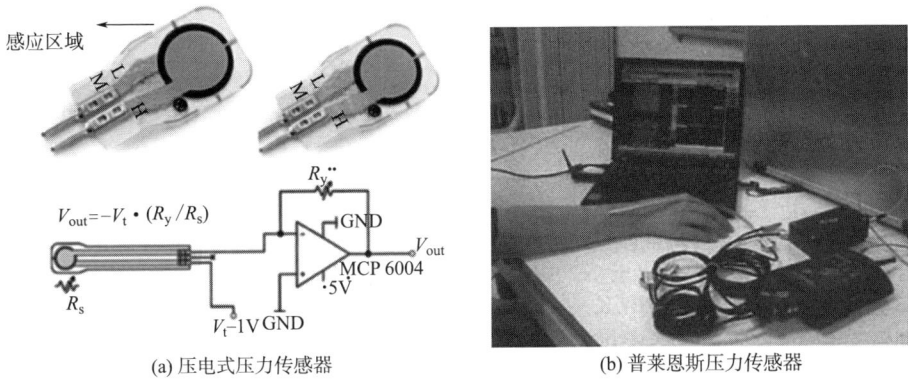

感应区域

$V_{out} = -V_t \cdot (R_y / R_s)$

R_y

GND

V_{out}

MCP 6004

+5V

V_t-1V GND

R_s

(a) 压电式压力传感器

(b) 普莱恩斯压力传感器

图 5.15　压力传感器

表 5.6　不同压力传感器的优缺点

种类	优点	缺点
气动式	薄、可弯曲、价格相对较低、易操作	需要辅助设备进行动态测量对温度敏感
充液式	有弹性、可用于动态测量	装满液体时厚度较大、运动过程中易出问题
电阻式	薄、可用于动态测量	对 3D 轮廓和刚性物体敏感

5.5.3.2　动作捕捉分析

动作捕捉分析（MCA）系统被用于分析人体在行走、跑步、跳跃、着陆、骑行等过程中的动作（图 5.16）。体育运动过程中的动作捕捉旨在追踪和记录运动员的实时动作，以确定他们的身体状态、运动表现[50]、专业水准以及受伤过程，同时也起到预防受伤和协助康复的作用。穿着专业的运动服装有助于或强化或限制运动员的活动。动作捕捉分析系统可以记录着装者在特定物理空间的位置以及运动方向，因而也间接地反映了运动服装的功能性。近二十年，动作捕捉技术已发展成为一项无边界的研究技术。得益于该技术，人们通过分析大量运动数据开发相应的产品投入实际应用中。现如今，高性能运动服装设计会使用动作捕捉分析来优化服装的结构和功能，从而提升着装者在高强度竞技运动中的表现。

动作捕捉系统的使用包含了下列几个步骤[51]：

①在工作室内多个方位架设相机，以同时获得多角度的动作捕捉；

②校准相机位置和待捕捉位置；

③使用相机捕捉动作和数据；

④分析捕捉的数据，以构建二维和三维物体。

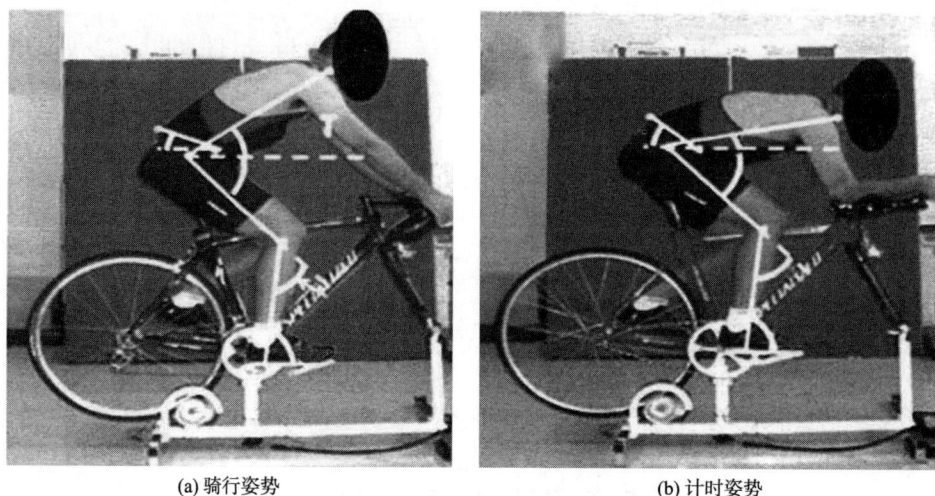

(a) 骑行姿势　　　　　　　　　　　　　　(b) 计时姿势

图 5.16　骑行运动的动作捕捉分析

　　表 5.7 为现有的动作捕捉系统以及它们与人体运动研究相关的细节参数。值得指出的是，光电测量系统（OMS）是高精度的动作捕捉分析系统。光追踪和维肯（VICON）是 OMS 中常用的设备[52]。在 OMS 中，多个相机置于被测物体（本书中特指着装者）周围的指定位置处，以从不同角度捕捉被测物体的移动信号，每个相机都装备有闪光灯（如红外线闪光灯），以照亮被测物体。在被测物体表面关键几何点处粘贴反光标记点，由相机发出的光被反光贴纸反射到相机表面的传感器上。传感器接收到光信号，然后创建对比图像，使用飞行时间和三角测量方法估算反光贴纸的三维位置。飞行时间是光线由光源（相机闪光灯）经过介质传至被测物体（反光贴纸）所需的时间。三角测量方法利用源于空间不同位置光源所产生的三束激光（图 5.17）。

表 5.7　动作捕捉系统及其参数

系统	标记	环境	标记重量	标记特征	相机数量	捕捉范围	采样频率
OMS Optotrack	主动	室内	<10g	红外 LED	8	3.6m × 2.6m × 3.7m	3500Hz
VICON 460	被动	室内	<10g	反光	6	取决于镜头	2000Hz
VICON T-40	被动	水下	<10g	反光	10	取决于镜头	2000Hz
VICON MX-13 MX-40	被动	室内	<10g	反光	>24	取决于镜头	2000Hz

系统	标记	环境	标记重量	标记特征	相机数量	捕捉范围	采样频率
iGPS	主动	室内	>30g		无限	55cm（圆形）	50Hz
EMS WASP	主动	室内	—	—			125Hz

OMS 的准确度取决于实验设置，影响 OMS 准确度的主要因素[53]包括：各相机的精度、各相机之间的相对位置、相机间距、相机与反光贴纸的间距、反光贴纸的种类、数量、位置、动作捕捉范围——反光贴纸标记的可捕捉运动数据的范围。

捕捉范围取决于相机数量以及相机的视野范围。现有的测量系统中，有着光电测量系统的 VICON MX-13 拥有高达 824m² 的最大测量范围。这一测量范围由 24 组相机共同实现[54]。但该测量系统在实际应用中存在一些缺陷，例如成本高、精度低、不便携、同步性差、安装工作量大。

此外，电磁测量系统（EMSs）、图像处理系统（IMSs）、超声测量系统（UMSs）以及惯性测量单元（IMUs）也被广泛用于运动锻炼的动作捕捉分析中。EMSs 可捕捉大量的信息，但测量精度不及 OMSs[55]；IMSs 区域无标记 MCA 系统对拍摄照片和视频进行数字分析[56-57]。UMSs 主要用于小范围测量，但是在动态变化的环境内，不易实现对超声波的控制，这就削弱了它的实际应用能力[58]。IMUs 测量、处理、分析人体的加速度、角速度以及物体的方向，将 IMUs 粘贴于人体表面，通过采集线性、旋转以及角度的数据，以建立人体的坐标位置并监测人体的运动。IMUs 被广泛应用于体操、游泳等运动的动作捕获分析中。但是 IMUs 对研究环境内的磁性物质比较敏感[59]。

研究者将动作捕捉分析与其他主客观评估相结合，对多种运动服装和配件展开分析。例如，刘（Liu）[60]使用英国牛津度量（Oxford Metrics，UK）公司生产的 VICON 动作捕捉系统，进行三维步态分析、平衡测试和主观调查，研究了护膝对膝部动力学和运动学的生物力学功效［图 5.17（a）］。该研究分析了膝部关节相关的运动、角度、三个解剖平面的地面反作用力以及时间、空间变量。王（Wang）等[61]使用光学追踪系统，获取穿着文胸时的胸部运动［图 5.17（b）］。通过使用这些技术，人们可分析功能服装的生物力学特征以及着装舒适性，这为功能服装及相关辅助设备的设计与研发能够朝着具备更优力学性能的方向发展奠定了基础。

随着低能耗电路与传感技术的发展，基于动作捕捉技术的智能服装为运动员提供了完整的人体运动图像，甚至在常规运动环境下也能给出实时反馈。这些以服

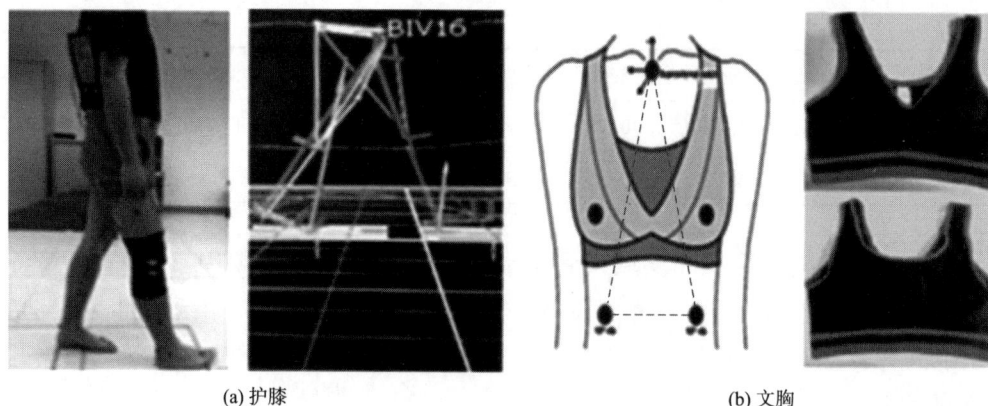

(a) 护膝   (b) 文胸

图 5.17　穿着护膝和文胸的动作捕捉分析

装为载体的 MCA 系统提供了很多量化数据，使得运动员能够更加高效地进行重复且一致的运动[62]。此外，有一种新型的无须相机的动作监测仪，该仪器使用由异芯光学纤维编织而成的薄型传感模块，将该传感模块嵌入运动服装中，可以监测肘部、关节和躯干的实时运动。该系统就好似无限制的动作捕捉系统，其最初用于运动和康复领域的教学设备[63]。以服装为载体的动作捕捉系统（Garment-based motion capture/GaMoCap）使用印有彩色编码图像的服装，这些编码图像使得单位面积的标记呈高密度分布（约 40 个 /100cm^2），以实现形状和动作的同步重构。通过分析三种不同的关节动作（肩部、膝部、臀部屈伸），比亚西（Biasi）等[64]认为 GaMoCap 的准确性与商业 VICON 系统具有可比性。

随着先进算法的发展，计算机信息技术和数值模拟方法正逐渐应用于运动服装等功能服装的功能性建模、预测和可视化研究中。数值研究方法不仅有助于研究者们进一步理解那些使用传统实验研究无法解释的复杂过程，而且无须使用任何材料或服装进行实验，便可直观地、可视化地呈现多因素的作用结果。例如，王（Wang）等[65]曾在六面体的基础上，使用有限差分法模拟穿着紧身服装人体表面的弹性形变和压力分布。刘（Liu）等[66-67]使用有限元模型对女性下半身进行数值模拟，以评估具有不同力学性能的压力服（如压力袜）在动、静状态下对皮肤及皮下组织的影响。余（Yu）等[37]曾开发了生物力学模型，研究在模拟手套的作用下，手背的压力分布。刘（Liu）[68]进一步开发了三维的生物力学模型，分析了多层级压力服作用下皮肤表面及内部组织压力的变化。孙（Sun）[69]也开发了有限元模型，并对文胸设计展开了敏感性分析，预测了文胸形变对压力舒适性和胸部形态的影响。

5.6　结论

运动服装是一种广泛应用于体育活动或锻炼中的功能性服装，有着便捷人体运动以及提高运动表现的作用。同时，无论环境和气候，运动服装有着提高着装者舒适性的功能。在服装、人体、环境以及运动四者的复杂交互作用中，运动服装用面料的物理、力学、化学、生物力学性能影响着运动服装的功能以及着装者的舒适感。对运动服装的物理、心理、生理和生物力学性能进行评估，不仅有助于更好地理解运动服装和相关产品在实际应用中的设计有效性，而且助力改进和优化设计方案以更好地满足目标顾客的整体需求。

参考文献

扫码查看本章参考文献

第6章 压力运动服装

吉·伦益克（Kit-lunYick）

时装及纺织学院，香港理工大学，红磡，香港，中国

6.1 引言

如今运动服装已成为全球时尚产业的重要组成，在众多运动服装种类中，机能性运动服装的技术含量高、具备功能性，可提升着装者的运动表现，但其造价昂贵且常以小批量模式生产[1-2]。

近期，压力服的原理被运用至医用机能性运动服装中。压力纺织品由弹性纤维和纱线编织而成，具有优异的弹性和回复性能。目前，压力纺织品不仅用于提高服装的合体性和扩大人体活动范围，而且通过对人体施加一定的机械力达到支撑和稳定肌肉的目的。压力服早期被用于增生性疤痕的临床治疗及康复、慢性静脉疾病治疗以及整形外科等。

增生性疤痕是伤口胶原蛋白沉积过多所导致，发生在伤口愈合以后。压力可以降低疤痕内胶原蛋白的产生，压力治疗是增生性疤痕的一种治疗方式[3]。压力服需要像第二层皮肤一样与人体契合，对人体不同部位施加合适的压力以增加疤痕恢复的速度，防止形成挛缩，在不影响血液循环的前提下增强美观性。为了增生性疤痕能更好地愈合，伤者必须穿着 12 ~ 18 个月的压力服直至疤痕愈合。为了治疗慢性静脉疾病，需要穿着特别牢固的压力袜，为脚踝提供 0.3 ~ 0.38kPa（40 ~ 50 mmHg）的高压，以减少职业性腿部的肿胀[4-5]。用于退行性膝关节和骨关节炎的针织矫形支架（如膝套），旨在加强股直肌、股外侧肌、内侧肌和中间肌这类股四头肌群[6]，还可以嵌入额外的金属或硅胶插件以达到加强作用，从而提高病人日常活动的灵活性。

机能性运动服装的设计与研发种类繁多，其款式、织造方式以及成本取决于用户需求、保护程度及舒适性需求等。机能性运动服装通常都是根据运动员和比赛需求进行定制，旨在提升运动员成绩、减少伤病、促进恢复，并通过加速整体循

环来减少热身时间。压力服所提供的支撑感可以提升人体对其肌肉的协调增强作用的本体感知，减少肌肉振动和摆动以获得更快的肌肉修复速度，并最大限度地减少运动后的肿胀[2]。但是，目前压力服对运动成绩的影响尚未形成定论，仅有少数研究总结了压力服对运动表现、最大及次最大耐力表现（动脉乳酸浓度、氧饱和度和氧摄取量），以及恢复期肌肉代谢（肌肉血流和葡萄糖摄取）的积极影响[7-10]。以往研究尚未获得定论的原因在于实验结果与实验条件、压力服设计、压力水平差异，以及受试者差异（体重、体型、人体构造、脂肪含量、运动状态等）有关[8]。

压力服的设计极具挑战，它需要为人体不同部位提供充分压力以有效地支撑目标肌群，从而优化着装者表现并加速其恢复。压力服对人体的压力主要取决于服装的力学性能，而服装的力学性能主要取决于纺织材料的非线性压力—应力特征。压力服通常采用由弹性纤维和纱线编织而成的针织面料制成，其具有优异的弹性和回复性能。鉴于针织技术的优势，弹性纱线可以通过镶嵌、悬浮或镀于针织结构中[11]，通过控制织造过程的中纱线密度、厚度以及刚度以提升面料的压力性能（图 6.1）。

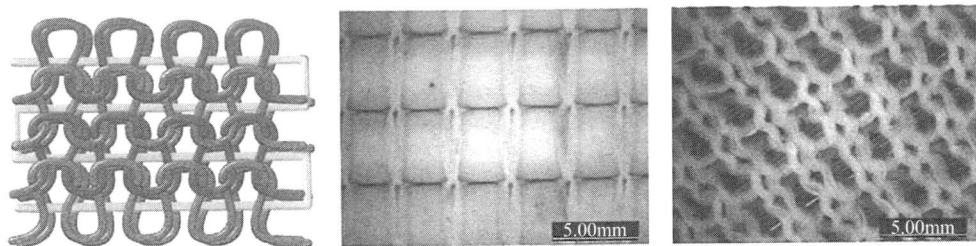

图 6.1　衬纬针织结构

人体映射是当下运动服装和机能性服装设计中最重要的应用之一[12]，其考虑了人体不同部位对运动及环境反应的差异。增加运动服装表面的粗糙程度可以改善高速运动过程中空气的动力学特征；压力运动服装的设计也常借鉴泳装面料的流体动力学特征；也可根据解剖曲线和外骨骼系统构造，将常作为运动胶带的拉力带或由刚性材料制成的多层加固层/插入物置入压力服中，以控制着装者的活动范围、增强稳定性并减少目标肌群的震荡。运动机能胶带等运动胶带，可以通过给关节和肌肉施加张力以实现临床治疗和运动伤病治疗，如图 6.2 所示。通过对运动胶带的设计，使其在拉伸性能[13-14]和轻薄性能方面可达到模拟人体皮肤最外层或表皮层的效果，因此着装者主观上不易感知胶带的存在，但肌肉、关节、大脑及身体本身都能受益于该胶带。此外，人体运动机能胶带的拉伸率可以达到其原长度的 40% ~ 60%，这与皮肤的拉伸性能相似[13-15]，也就保证了人体的正常活动和运动的完整性[16]。理论上而言，运动机能胶带可以促进肌肉活动、加速循环、减少水肿、支撑关节结构，并提高稳定性，它的这些功能与其质量有关[14,17]。

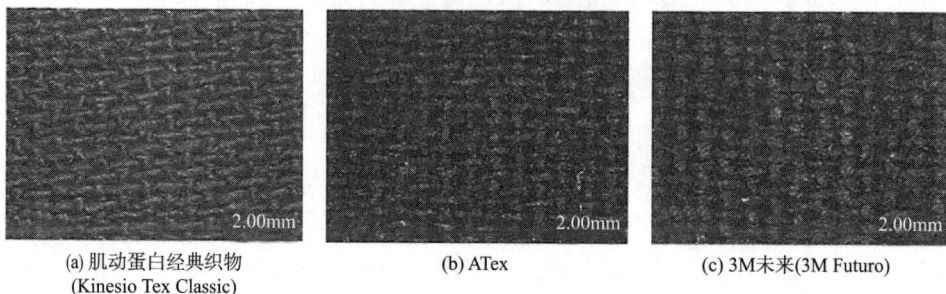

(a) 肌动蛋白经典织物
(Kinesio Tex Classic)　　　　(b) ATex　　　　(c) 3M未来(3M Futuro)

图 6.2　不同运动胶带的织物组织结构

　　近年来，可以根据人体映射使用无缝针织技术生产压力运动服装，这类运动服装可根据人体解剖学特征给运动员施加压力[12]。根据人体图谱将具有不同刚度和强度的材料进行组合，给目标肌群施加合适的压力，起到加强支撑、缓冲、吸湿、透气的作用。

　　目前压力服结构设计多使用二维平面制板法，并采用传统的裁剪—缝纫方法进行生产。为达到压力效果，纸样的围度尺寸常会减少 10% ~ 30%，该减少程度的具体值取决于面料的弹性。样板设计中的尺寸及其缩减程度，应当根据面料的特征进行优化，以使其满足整体压力设计或满足其作为额外织物时为肌肉提供支撑的局部压力设计。

6.2　压力运动服装的设计

　　具有合适压力分布的运动服装在当下运动和健身活动中广为流行。这类服装旨在优化运动员的表现、降低运动员的受伤风险，以及在不限制肢体活动的前提下加速恢复。相较于压力治疗服装，压力运动服装的设计更加复杂，这类服装在局部使用不同的面料和设计，不仅是为了满足功能和美学需求，也是为了表达着装者的生活方式。此外，这类服装的外轮廓要适应人体几何外形，其最外层也需要加强设计以保护人体关节和主要肌群。为更好地保护着装者免受各类体育活动中机械应力的伤害，服装生产商所开发的压力运动服装须具备一些特殊功能，例如提高肌肉保护、连接关键肌群以获得更强的力量回复、采用符合工效学需求的接缝以获得更大的活动范围、在局部进行加固以获得更好的支撑和保护功能等。设计一款合适的压力运动服装具有极大的挑战，其需要综合考虑材料、环境、运动特征、接触舒适性、工效舒适性、活动水平以及着装者的特别需求。下面将针对目前商业化压力运动服装中的一些创新型设计进行讨论，包括交叉训练和跑步压力紧身衣、训练和运动紧身衣、骑行紧身衣以及泳衣用压力运动服装。

6.2.1　交叉训练压力运动服装

交叉训练包含了一系列动态活动，对体能要求较高。交叉训练压力紧身衣多数由高规格的弹力纱线制成，并采用圆筒形针织结构进行织造，以获得较高的灵活性、压力以及持久耐用性。一家名为 2XU[18] 的运动服装公司称他们的压力紧身衣能提供高达 0.19 ~ 0.23kPa 的压力范围，可为包括臀大肌、腘绳肌、股四头肌和小腿在内的下肢关键肌群提供支撑，这些下肢肌群在跑步、跳跃和下蹲等动作时容易受到高强度的冲击力。

针对人体的热舒适性需求，可以使用散热、将湿气从皮肤表面吸走以降低相对湿度的材料，这类材料不仅可以使着装者获得干燥和凉爽的舒适感，而且阻止了诱发异味的细菌和真菌的滋生。为了提高合体度和舒适度，可以对裤裆等部位的版型进行预成型或对轮廓进行制模，同时使用平缝甚至无缝黏合来减少缝份可能对人体造成的擦伤。鉴于需要非常细致地控制压力服的压力，交叉训练压力服的尺码系统需基于着装者的身高和体重进行合理划分。例如，2XU 公司的服装尺码范围为 XXS（身高 145 ~ 165cm，体重 30 ~ 40kg）至 XXL（身高 155 ~ 190cm，体重 95 ~ 110kg）。

为了在长时间高强度训练中保持腿部血液的良性循环，压力紧身衣需要根据人体特征提供分级压力，例如在脚踝处的压力为 100%，在大腿处提供 20% ~ 40% 的相对较低压力，如图 6.3 所示。为获得理想的压力值并保持裤身形状，压力服的压力等级由大腿至脚踝处逐渐增加，这种压力的渐变可以通过改变版型的缩减因子，或使用弹性更高的刚性增强材料来实现。为达到上述效果，压力服在设计时会用到十字形或植绒图案、刚性黏合剂、硅胶带等材料，尤其在脚踝处使用最多。总体而言，压力紧身衣可针对人体的不同部位进行不同的设计，在不同部位有针对性地实现目标压力和支撑力，从而减少由上举和下蹲引发的肌肉拉伤的风险。

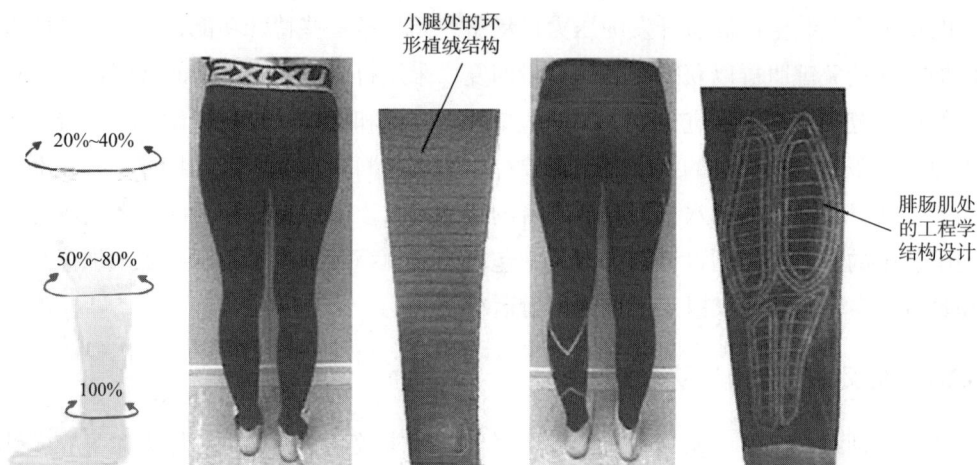

20%~40%

50%~80%

100%

小腿处的环形植绒结构

腓肠肌处的工程学结构设计

图 6.3　在目标肌肉控制区域的交错或植绒设计[18]

6.2.2　跑步压力运动服装

由于过度使用膝盖以及脚部与地面重复碰撞的影响，跑步者的膝盖容易造成膝盖骨的软骨磨损，继而是膝盖疼痛。过度使用腿部也可能引发跟腱炎，导致跟腱区域疼痛、紧绷以及小腿肌肉紧张。

为了应对上述问题，高性能体育服装公司 CW-X 获得了一项名为 EXO-WEB 技术的授权专利，该技术模仿了针对运动损伤和关节疼痛的运动机能胶带形态[19]。EXO-WEB 技术为外骨骼系统创造了一个支撑系统，当使用者在移动时，该支撑系统可以起到强化生物力学表现的作用。CW-X 公司的 EXO-WEB 技术可进行双向拉伸，给股外侧肌、股二头肌、腓骨长肌和髌骨肌肉等关键区域提供支撑，从而起到减少震荡的作用。通过调整支撑系统的弹性，获得可变的压力，达到促进血液循环、增加氧气吸收、减少乳酸堆积和肌肉酸痛的作用，从而缩短恢复周期，优化运动表现（图 6.4）。

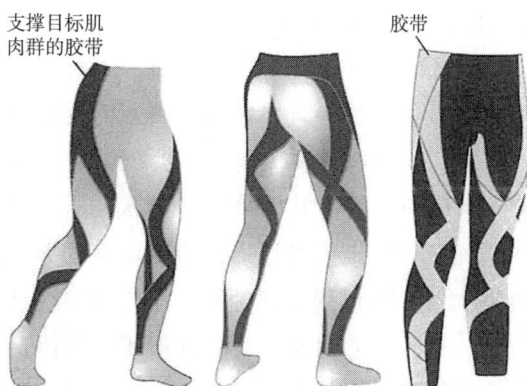

支撑目标肌肉群的胶带

胶带

图 6.4　CW-X 公司的 EXO-WEB 技术给外骨骼系统和下肢肌肉群提供支撑和束缚[19]

此外，人们在设计户外跑步时穿着保暖压力衣时，通过增加热阻抵御外界严寒。紧身衣不仅可以提供压力以减少肌肉活动，而且通过采用渐进式的施压方式来促进血液流动加速热身和恢复。保暖压力衣可采用拉绒的高规格针织结构织物，以提高服装握持静止空气层的能力，从而达到隔热保暖的目的。

6.2.3　训练和运动服装

训练和运动紧身衣可以起到塑形的作用，其压力相对较低。训练和运动紧身衣对人体的施压强度较低，但也足以为人体关键肌群提供所需的最低支撑。

由于人体运动时会产生热量和汗液，所以面料的温湿度调节能力对于服装的热舒适性有着重要影响。热量经由材料孔隙和服装开口处，采用对流和蒸发的形式散发。随着针织技术的发展，具有优异缓冲效应的网眼面料和三维针织网眼间隔面料，正逐渐运用于压力运动服装的设计中，如图 6.5 所示，这些材料的多孔结构增强了运动服装的透气性能[20-21]。基于激光切割技术而产生的有着特殊形状小孔的穿孔面料，也开始被频繁运用

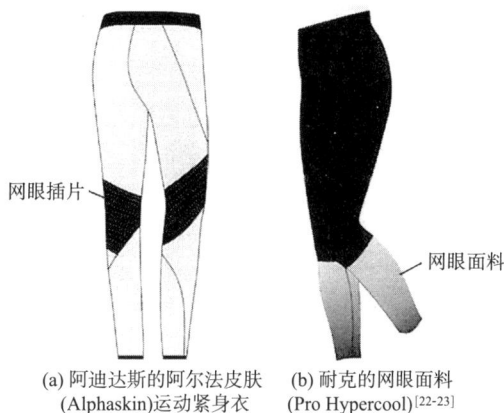

(a) 阿迪达斯的阿尔法皮肤　　(b) 耐克的网眼面料
(Alphaskin)运动紧身衣　　　(Pro Hypercool)[22-23]

图 6.5　网眼设计提高呼吸透气性能

至服装中，虽然其生产成本高昂，但可有效促进人体热量的传递。鉴于体表汗腺呈非均匀分布，网眼和穿孔织物基本用于腿部后侧和外侧，以获得优异的呼吸透气性能和散热性能。

6.2.4　骑行压力运动服装

骑行压力短裤用面料为运动专用的轻质高压面料。这种面料在各个方向上均具有拉伸性，这就使得着装者可以在各个方向上自由移动，因而为着装者提供了最佳舒适感。压力短裤可给肌肉提供超强的稳固功能，并减少肌肉振动，缓解肌肉疲劳，同时其超强的湿管理性能可以保证着装者干燥且舒适。考虑到骑行过程中的身体运动姿态，在骑行压力裤的臀部增加了额外的填充材料［如 2XU 公司设计的施特尔 X（STEEL X）面料，其具有超高分子量的聚乙烯纤维］起到加固保护作用，这种材料具有耐磨、抗剪切、抗撕拉的性能。嵌入的填充材料通常都预先进行定型，以提高其合体度，如图 6.6 所示。另外，也使用孔洞结构来增强透气性、促进

湿气蒸发，从而保障着装舒适性。

6.2.5 游泳压力运动服装

志淑（Shishoo）[12]认为压力运动服装和压力
装备须采用分层式设计以满足其功能，分层式设
计可以对人体运动产生影响，并维持人体处于热
中性的状态。有一款名为 SPEEDO（Fastskin LZR
racer）的游泳用压力衣[24]，采用多层面料以及工
效学接缝进行设计，这款服装为背外侧、臀大肌、
腘绳肌等人体关键肌群提供压力［图 6.7（a）］。此
外，这款服装使用了定制的复合结构面料，以减

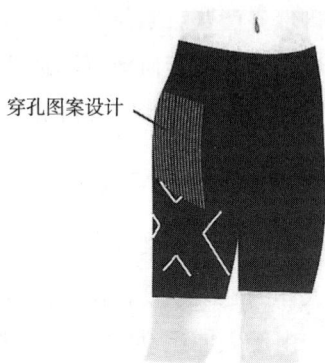

图 6.6　使用施特尔 X 面料的骑行
压力短裤[19]

少水对人体的拖拽，从而帮助着装者获得更佳的运动表现。ARENA[25]女性碳素压
力运动服装［图 6.7（b）～（d）］还使用碳技术，对肌肉进行治疗性压缩，从而加
强血液循环。此外，硅胶带被用于预防肩部、斜方肌、小腿的肌肉损伤，以加速肌
肉恢复；高弹针织面料可用于塑形，并使得运动服装获得类似人体第二层皮肤的合
体性；在指定的服装部位进行激光切割孔洞设计，以获得最优的透气性和舒适性。

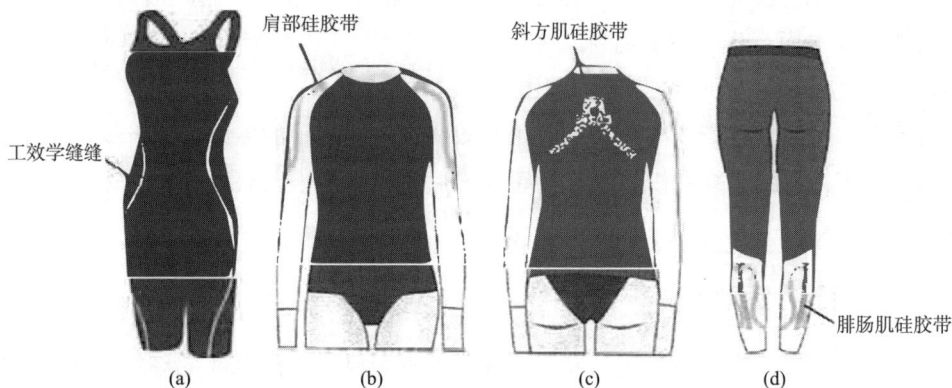

图 6.7　游泳用压力运动服装

6.3　压力运动服装的压力

在压力运动服装的各项评价标准中，压力值及其持久性内在的压力表现是其最

重要的性能评价指标，但局部的最佳压力值与人体部位有关。压力运动服装相关文献中指出当游泳衣给躯干部位施加的压力值低于 0.06kPa 时，有助于静脉泵作用并提高游泳时的表现。相反地，当给肩部和腹股沟部位施加过大压力时，会抑制血液流向周边区域，并延迟运动后血压的恢复[9]。当胸部压力超过 1.15kPa，腰部压力超过 0.36kPa，腹部压力超过 0.56kPa 时，游泳衣反而会给着装者带来不舒适感。对于运动马甲而言，文献中推荐的舒适压力值范围为 0.96 ~ 1.35kPa[26]。然而，现有的压力运动服装给予人体的压力范围较广，为此有学者开展了下述研究，以调查不同种类的压力紧身衣的压力分布对于年轻女性的影响。

6.3.1 试验设计

10 名女性受试者参与了香港理工大学时装及纺织学院研究小组开展的实验。受试者的身体质量指数（BMI）范围为 18.69 ~ 23.04（平均值为 20.29，标准差为 1.17）。根据尺码规格细分，受试者都穿着小号服装。研究团队从市场上购买了 4 款压力紧身裤，详细信息见表 6.1。每名受试者按随机顺序穿着这四款服装（样衣Ⅰ、样衣Ⅱ、样衣Ⅲ、样衣Ⅳ，如图 6.8 所示）进行 3 项活动，包括直立、单腿站立、垫脚站立。该实验共涉及 12 种工况，这 12 种工况按随机顺序进行。每种工况中，受试者进行 3 次重复实验，每次实验时长 30s，中间间隔 1min。实验中测量指标为服装施加于腿部的压力，测试位置为右大腿（股直肌和腘绳肌）和小腿（腓肠肌）。

表 6.1 压力紧身裤的详细信息

样衣编号	品牌名称	产品名称	产品特征
样衣Ⅰ	2XU	动力恢复服	·快速恢复，减少肿胀 ·渐变式压力（3.3 ~ 4.0kPa） ·从膝盖到下摆采用渐进式非弹性交叉植绒，增加对脚踝的压力
样衣Ⅱ	2XU	MCS 跑步压缩紧身衣	·符合肌肉解剖学特征 ·增强耐受力，减少肌肉损伤 ·腓肠直肌和腓肠肌处采用植绒设计
样衣Ⅲ	2XU	中腰压缩紧身裤	·通过曲形平缝实现渐进式压力设计
样衣Ⅳ	雷乔（Reecho）	高性能专业紧身衣	·大腿前侧采用对角线设计 ·膝盖骨处采用胶带设计，起到增强作用

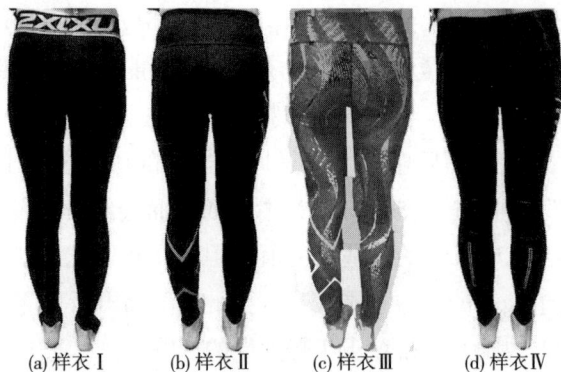

(a) 样衣Ⅰ   (b) 样衣Ⅱ   (c) 样衣Ⅲ   (d) 样衣Ⅳ

图6.8　4款压力紧身裤

该实验使用的压力测试仪为新型皮兰斯X（Novel Pilance-X）。该设备拥有高测量精度，且测试可重复性高，非常适用于紧身衣的压力测试。

6.3.2　压力评估结果

在静止站立状态下，无论是否有渐变式的压力设计，所有测试样衣在大腿处的压力值都高于小腿。如图6.9所示，样衣Ⅰ的三处压力测试值的平均值最高（3.53kPa）。除了样衣Ⅱ，其余样衣与皮肤间的压力都相对均匀地分布于股直肌和腘绳肌（大腿的前后侧）处。样衣Ⅱ在股直肌处的压力（4.83kPa）远大于腘绳肌处（0.58kPa），这可能是由于带有植绒的结构对股直肌产生了影响。相较于没有植绒结构的样衣Ⅲ、样衣Ⅳ，样衣Ⅰ和Ⅱ的交叉结构以及植绒结构对腓肠肌产生了影响，导致其压力增加。

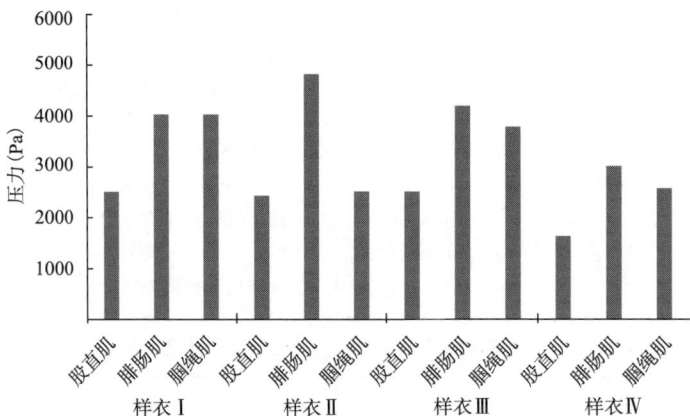

图6.9　静止站立状态下不同部位压力值

此外，除样本Ⅰ外（腿部没有缝份），还研究了其他样衣的缝份对小腿部位压力的影响，如图 6.10 所示。测量了小腿部位沿缝份处的压力，并将其与无缝份处面料的压力进行了对比。值得注意的是，平锁接缝导致样衣Ⅱ、样衣Ⅲ、样衣Ⅳ服装与皮肤间压力值降低（图 6.11）。双层织物使用的平锁接缝影响了接触处的状态，因而与无接缝的样衣Ⅰ相比，导致了样衣Ⅱ、样衣Ⅲ、样衣Ⅳ的压力值都降低。

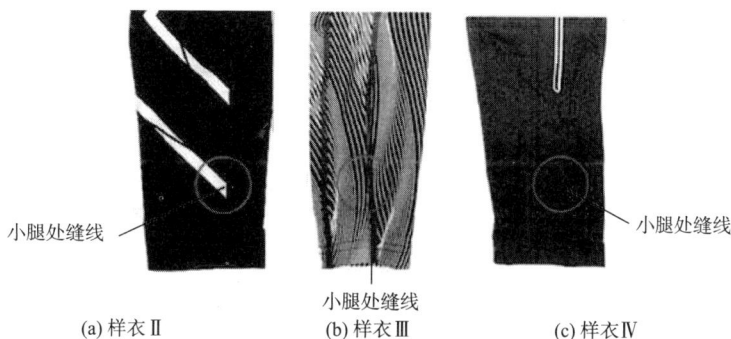

小腿处缝线 — (a) 样衣Ⅱ　　小腿处缝线 (b) 样衣Ⅲ　　小腿处缝线 (c) 样衣Ⅳ

图 6.10　小腿处缝份位置

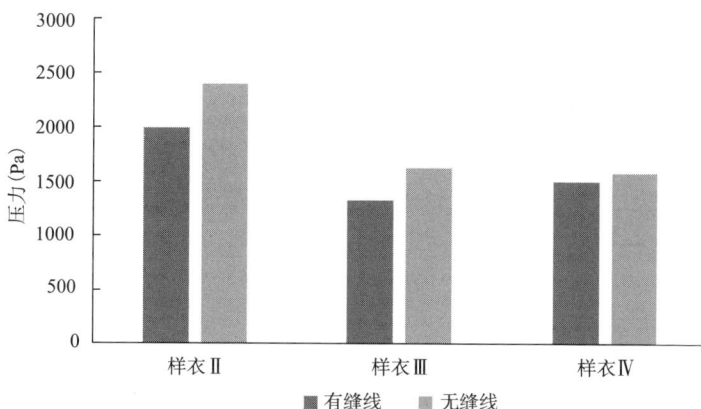

图 6.11　小腿有无缝迹线处压力值

此外，还研究了人体运动对服装压力值的影响。相较于静止站立状态而言，单腿站立（左腿抬起）导致股直肌增加收缩，并最终使得压力值增加 2% ~ 20%，如图 6.12 所示。单腿站立时腓肠肌的松弛使得压力值降低，在 4 款紧身裤样衣中，穿着样衣Ⅱ时股直肌处压力的变化幅度最小。压力裤上的植绒图案有助于减少肌肉的活动，从而达到稳定目标肌群的作用。当脚后跟离地时，腓肠肌需要支撑整个身体，导致压力值增加 9% ~ 30%。

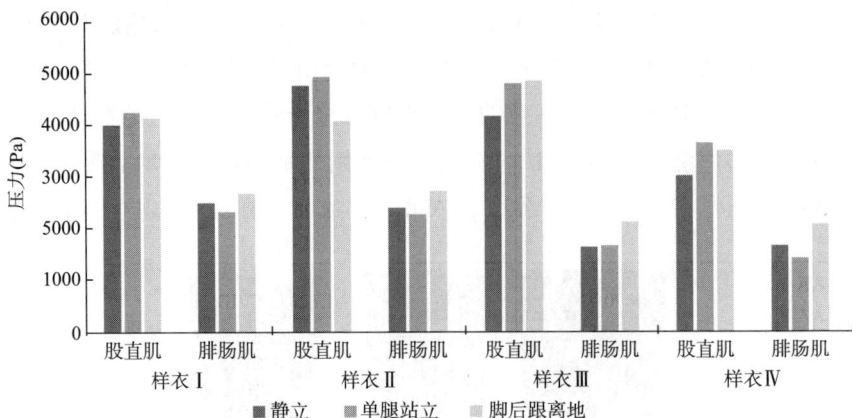

图 6.12　3 种不同运动状态下股直肌和小腿肌肉处的压力值

尽管所有受试者穿着的服装号型一致，但她们的体重、身高、腰围、腿围以及体型都存在差异。此外，她们在执行实验规定的动作时，对动作的呈现也存在差异，这都有可能导致压力测量的误差，使得 10 个人的平均压力值在较大范围内（1 ～ 2.66kPa）波动。

6.4　压力运动服装设计中存在的问题

尽管全球运动服装市场对压力运动服装的需求越来越大，但是与压力运动服装设计及其压力值相关的科学研究还很缺乏。服装对人体的压力不仅受纺织材料机械应力的影响，而且与人体的曲线构造和各个解剖点位置处的压力、织物弹性变化、施压技术和板型紧密相关。

6.4.1　体型因素

加伊德（Gaied）等[27]的研究显示压力服与人体接触面的压力受到人体几何形状和人体曲率半径的影响。因此，详细的人体几何参数信息是精准获取压力服对人体各部位和关节处压力的关键。三维人体扫描技术可以帮助我们更好地理解人体的复杂三维构造，包括体型、尺寸、体重、体积等。腰部、指间等人体凹陷区域不会与压力服发生接触，因而很难给这些区域施加合适的压力。对压力泳衣和紧身衣而言，骨盆区域承受了服装施加的大部分压力，导致了高接触压力和着装不舒适感。田中（Tanaka）等[28]的研究表明，过高的压力会引发肢体麻木，甚至导致呼吸困难并引发其他健康问题。因此，设计一款符合人体工程学特征的压力运动服装是一项非常具有挑战性的工作。

6.4.2　运动过程中人体发生的变化

除了受人体各区段几何形状的影响外，压力服对人体的压力还受到人体姿势和人体运动的影响。人体运动及姿势与皮肤形变紧密相关，尤其是下肢运动与皮肤形变关系密切，皮肤形变会导致服装形变。下肢皮肤应力分布相关研究表明，跑步过程中大腿部位的拉伸率显著高于小腿和臀部[29]。三维人体扫描技术仅能获取人体静止站立状态下的外部形态，而人体在运动中的三维形态会发生变化，因此想要准确地获得运动状态下的人体的尺寸很困难。

以压力治疗手套为例，皮肤—手套交界面压力由放松状态下的 3.4kPa 增加至握拳状态下的 9.8kPa，这远超过治疗增生性疤痕的有效压力（3.3kPa）[30-31]。高界面压力会对皮肤氧压产生不利影响，从而导致局部缺血、瘀伤和压疮。因此，基于动态三维扫描技术可以获取更加全面且稳定的三维人体数据，对于强化压力服的合体性设计，获取最佳的压力值非常重要。

6.4.3　面料弹性损失

服装重复穿着后面料的弹性会衰减。随着使用时间的延长，面料的拉伸性会逐渐减弱，导致压力降级，这会降低压力服的工效性。然而，相关研究大多忽略或简化了服装的动态压力分布及压力降级因素[32]。余（Yu）等[33]使用了一款面料拉伸器模拟手套经过重复使用的过程，采用 3 组衰减程度为 10%、15% 和 20%，来评估手套的弹性损失。面料的应力、组织结构和初始拉伸是影响面料弹性损失的关键因素。王（Wang）等[34]研究了棉/氨纶平纹和罗纹针织面料的动态压力损失。研究表明氨纶比例和组织结构是面料在重复拉伸和回复时影响其压力的主要因素。面料的力学性能、组织结构、各向异性、针织参数以及制板中的衰减因子均是导致穿着使用中服装压力损失的主要因素。

6.4.4　服装压力评估方法

持续性施压超过 0.18kPa 会导致身体出现并发症，例如，会对下颌骨和胸廓区域造成损伤[35-36]。因此，服装的压力大小和分布进行准确测量及评估是压力服装设计过程中必不可少的环节。

采用传统方式直接测量服装与皮肤交界面处的压力不仅耗费时间，而且可能对人体造成伤害。此外，在测试服装压力时，测量设备还会受到身体条件的影响。因此，有些研究通过使用圆柱形进行人体模拟，从而预测四肢处的压力[4,37-40]。麦金太尔（Macintyre）和弗格森（Ferguson）[41]使用拉普拉斯（Laplace）方程开发了一种确定四肢处压力的工具（只能用于圆柱形人体躯段）。生物力学领域所广泛使用的有限元算法也被用于模拟人体与各种外在条件交互作用的情况，这种方法无须进行重复性的着装实验或测试。人们已针对各类纺织品（如压力袜、裤子、文胸）与皮肤的机械性接触进行建模，以确定纺织品的压力及其对人体的压力分布情况[29,42-46]。但是，大多数有限元分析使用刚性假人或圆柱形几何体来模拟人体，这种简化忽略了身体几何构造的复杂性。因此，已有建模研究给出的压力分布值都不够准确。最近，有学者提出了针对小腿横截面的二维有限元模型的研究，这项研究考虑了皮肤、软组织及骨骼构造，可用于揭示小腿处的压力分布与紧身袜的关系[47]。也有学者使用有限元方法分析文胸施加于胸部的动态压力，并依据胸部软组织的非线性特征，分析文胸和胸部的接触压力[48]（图6.13）。

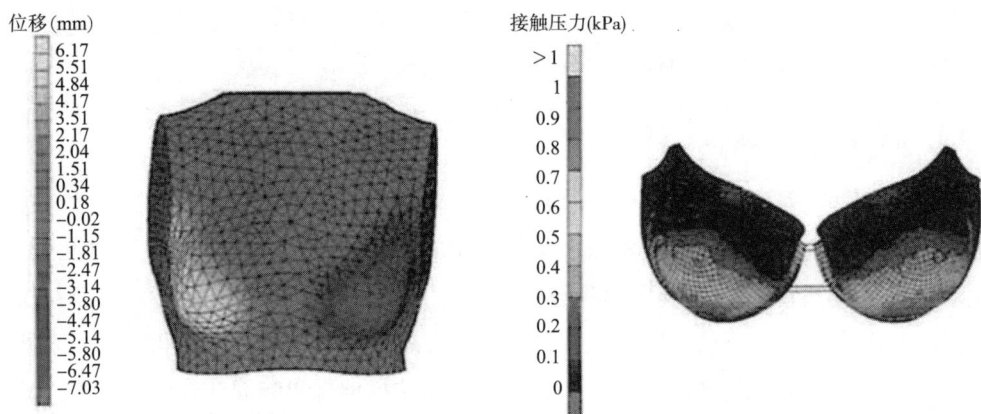

图6.13　胸部及其与文胸间接触压力的动态模拟

6.4.5　服装不舒适的主观感知

引发人体不舒适感觉的压力极限值为5.9 ~ 9.8kPa[49]。该极限值因人而异，因身体部位而异，该极限值可能与近皮肤表面毛细血管的平均血压4.3kPa类似。常规条件下的压力舒适区为1.96 ~ 3.92kPa，该舒适压力范围也与人的身体部位和身体姿势有关。

压力值过高的压力服会导致心理应激反应、影响肌肉活动、造成身体敏感以及着装不舒适感。余（Yu）等[30-31]的研究指出，穿戴压力手套不仅降低了手部的最大抓力，而且对着装舒适感和手部活动均造成了负面影响。该研究还表明，虽然压力手套的面料种类和压力衰减因子对手指的触觉敏感性不会造成显著影响，但是穿戴压力手套后，手指在日常作业时的活动范围、灵巧度，以及主观舒适感均受到了较大的影响。当穿着由衰减因子高达 20% 的面料制成的压力手套时，手指功能和主观舒适感均降低。服装的舒适感与面料性能关系紧密，这些性能包括面料表面的粗糙度、弯曲刚度、导热性和保湿性。

穿着压力服装可能导致皮肤温度升高，尤其是在高强度体育活动中压力服装会导致人体出汗。因此，压力服用织物的温湿度调节能力会影响服装与皮肤间的衣下空间及人体热舒适。压力运动服装的结构、合体性、材料选择（层数、厚度、透气性）等均会影响服装握持静止空气层的能力，因此这些因素对于服装的热阻和通风性能具有重要的影响。压力运动服装的设计会受到其用途、穿着者以及着装条件的影响，有些压力运动服装的设计是为了给寒冷环境中的着装者提供保暖性，而有些压力运动服装则是为了促进着装者在运动过程中散热。压力服装材料、设计特征、压力服与人体热湿分布的关系以及人体主观感受，均可为优化压力运动服装的设计、提高着装舒适性提供指导。

6.5　结论

压力运动服装会给四肢、上半身、下半身或全身施加机械应力，给予皮下组织和肌肉一定的支撑力，从而预防人体在高强度的活动中受伤。压力运动服装的主要优点是促进血液循环、减少肌肉震荡、降低肌肉伤害、缩短肌肉恢复时间。但是，能够对压力服的作用给出准确、客观评价的相关文献很少。针对人体体型、人体运动、面料性能以及服装压力所开展的相关科学研究，将有助于压力运动服装的优化，并为该类服装的材料选择和设计研发奠定基础。

──────── 参考文献 ────────

第7章 3D 打印运动服装

孙璐珊（Lushan Sun）

时装及纺织学院，香港理工大学，红磡，香港，中国

7.1 引言

增材制造技术已经有超过三十年的发展史，其高效制造和设计方式大幅缩短了生产时间，具有多方面的应用，在许多行业都受到了认可。早些时候，增材制造被称为快速成型，如今它以 3D 打印（3DP）和直接数字化制造（DDM）[1] 等称谓而被广为人知。随着 3D 打印技术的普及，相关订单量呈指数级增长，现在其产品已具有大规模生产和大规模定制的质量。基于长丝打印的熔融沉积建模（FDM）技术、基于粉末打印的选择性激光烧结（SLS）技术，以及基于树脂材料打印的聚射流技术等打印技术在不断地进步，其成品质量也在不断地提高。

在 3D 打印可穿戴产品发展的早期，服装产业便开始探索该技术在饰品、概念性艺术产品和定制产品方面的应用。随着 3D 打印技术越发成熟，越来越多的设计师使用 3D 打印技术创造新材料，或使用 3D 计算机辅助设计建模设计更多的可穿戴或成衣产品，以推动 3D 打印技术应用的发展。此后，设计师们发现 3D 打印技术可用于服装，这打破了传统服装制造的工作流程及技术，为此有必要重新思考及发展这些传统技术。本章节重点关注使用 3D 打印技术进行运动服装和鞋子设计的案例，这些案例在开发方法、材料运用和技术应用上均有独到之处。通过本章节的介绍，阐明 3D 打印技术在运动服装产业上的应用障碍和未来可能的发展趋势。

7.2 3D 打印技术与 3D 计算机辅助建模的整合

与早期关注艺术表现形式、复杂结构和创造性的 3D 打印艺术不同，如今来自各个领域的设计师正在寻求打破服装设计传统思维的路径，以激发 3D 打印技术在

服装行业的潜能。3D 打印在传统成衣中的集成通常侧重于通过 3D 打印结构来增强材料的灵活性，并选择合适的材料和 3D 打印方法来提高产品的美学性和功能性。但是，在使用这些技术设计运动服装和鞋子时，应该更加看重着装的舒适性。

7.2.1　基于直接 3D CAD 建模的全 3D 打印运动服装

2014 年，达尼特·佩雷格（Danit Peleg）通过有限元建模打印长丝纤维，进而推出了全球首套全 3D 打印服装系列，而后佩雷格的商业运作模式逐渐演变为基于 3D 打印的用户定制模式。她的最新作品"维纳斯的诞生"，展示了系列令人惊叹的 3D 打印服装[2]。在众多主打外套中，有一款具有最多功能的成衣夹克，可以与传统服饰搭配穿着（图 7.1）。

(a) 设计师佩雷格的维纳斯的诞生系列[2]　　(b) 使用开源3D CAD和有限元3D打印机
　　中的虚拟仿真成衣夹克　　　　　　　　　打印出的热塑性聚氨酯(TPU)样衣

图 7.1　基于直接 3D CAD 建模的全 3D 打印运动服装

佩雷格是传统服装设计行业出身的设计师，在她使用 3D 打印设计服装时，她总是以设计可以满足服装的功能和视觉效果的纺织品为出发点。"维纳斯的诞生"系列中的夹克采用前拉链开合式设计，该设计就是以纺织品图案单元或 3D 打印结构单位为基础展开的。这款衣服上的锯齿形图案来源于网络，然后利用 3D CAD 建模软件进行直接建模，这种技术可将各种数字化的零部件复制组合在一起，形成纺织品。该夹克中锯齿的组合方式使其在四个方向均可拉伸 [图 7.1（a）]，因而提高了纺织品的弹性，并具有美观的悬垂效果。数字化的建模过程使得设计师可以通过改变编织的尺寸、密度以及各图案单元的厚度和位置来进一步控制图案。此外，具备 3D 打印材料和打印方法的完备知识对于控制设计效果非常重要。

目前，佩雷格专注使用商业有限元 3D 打印机生产长丝纤维斐乐弗莱（Filaflex），这是一种具有橡胶手感的热塑性聚氨酯纤维［图 7.1（a）］。她的服装设计可概括为四个步骤，包括纺织品设计、3D 打印纺织品、组合、后整理。在服装研发的数字化设计与迭代过程中，需要考量这四个步骤中的每一步骤。如今，佩雷格为顾客提供了一个线上定制平台，顾客可以通过移动虚拟试衣应用雷特洛（Neitelo）看到服装产品，还可以根据自己的喜好搭配色彩、定制文字、预设尺寸及下单［图 7.1（b）］[2]。

7.2.2 基于计算机 3D 建模的全 3D 打印运动服装

3D CAD 建模技术可以通过计算机算法进行设计，这种方法在 3D 全打印运动服装设计中发挥了巨大作用。持续时尚公司联合创始人、专业从事交互设计的媒体艺术家玛丽·胡曼（Mary Humang）与交互环境程序设计的专业建筑师詹娜·菲泽尔（Jenna Fizel）共同开发了 N12 比基尼，该比基尼是目前世界上首件全 3D 打印成品泳衣（图 7.2）。这款比基尼运用到了激光粉末烧结 SLS 技术[3]。这款比基尼是由 3D 打印激光熔接尼龙粉末制成，也被称为 N12。最终生成的打印材料的表面极度光滑且耐用，并且质量较轻，材料厚度仅有 0.7 mm[3]。N12 本身具有防水特性，因此在润湿的状态下着装舒适性更好[4]。

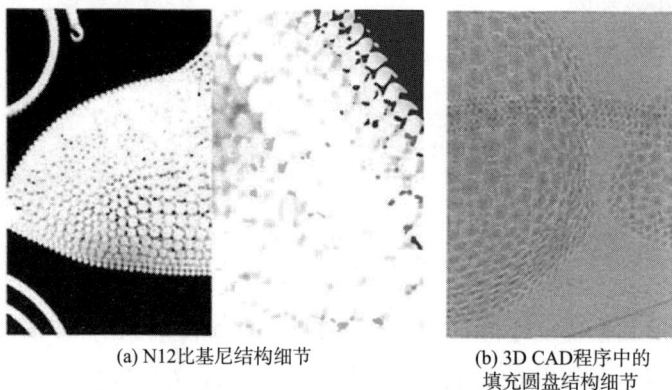

(a) N12比基尼结构细节　　(b) 3D CAD程序中的填充圆盘结构细节

图 7.2　基于计算机 3D 建模的全 3D 打印运动服装

这款比基尼使用尼龙粉末材料并将其打印为圆形系统。该系统包含了尺寸不一的圆盘结构，它们彼此通过绳结相连，从而使这款比基尼不仅结实且具有弹性［图 7.2（b）］。在数字化设计过程中，设计人员编写了一组程序以获得可适应预设人体表面结构的材料，因此圆盘结构可伸缩变形以适应人体曲线结构，服装的美观性完全取决于圆盘的结构设计[4]。计算机辅助设计技术使得织造出复杂的 3D 打印结构成为可能，这突破了手工或传统织造方法的局限。这种技术也创造出了可以不断根据体型做出反馈的系统[4]。此外，这款比基尼的上装采用了吊带设计，前后中心处设有可闭合的扣子。下装部分在腰部较低位置采用了与裆部相连接的腰带设计。目前，持续时尚公司已在网上销售这款 N12 比基尼，有黑白两色可选。

7.2.3　基于直接 3D CAD 建模的局部 3D 打印运动服装

虽然可以使用 3D 打印技术生产整件服装，但在很多情况下，服装局部应用 3D 打印技术更加切实可行，而且局部应用 3D 打印技术可以使传统面料和 3D 打印材料共同发挥作用。图 7.3 为由具有工业和服装设计背景的学者所开发的两款运动服装设计案例[5-6]，这些研究是为了探索基于 TPU 长丝 3D 打印结构与传统针织物结合设计的可行性。在这两个案例中，运动服装都被当作整合 3D 打印部件的媒介。

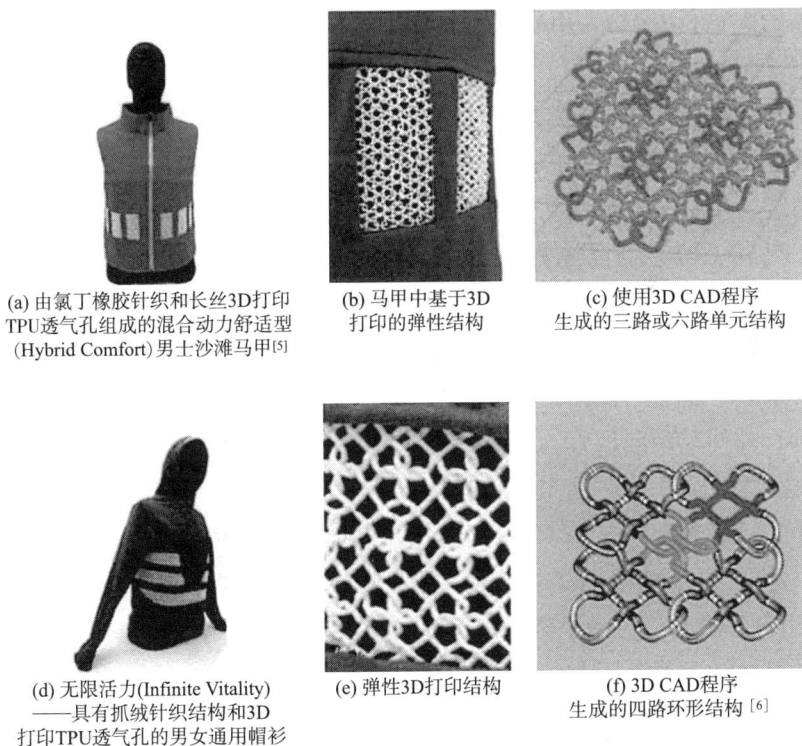

(a) 由氯丁橡胶针织和长丝3D打印
TPU透气孔组成的混合动力舒适型
(Hybrid Comfort)男士沙滩马甲[5]

(b) 马甲中基于3D
打印的弹性结构

(c) 使用3D CAD程序
生成的三路或六路单元结构

(d) 无限活力(Infinite Vitality)
——具有抓绒针织结构和3D
打印TPU透气孔的男女通用帽衫

(e) 弹性3D打印结构

(f) 3D CAD程序
生成的四路环形结构[6]

图 7.3　基于直接 3D CAD 建模的局部 3D 打印运动服装

图 7.3（a）为一款混合动力舒适型男士沙滩马甲，它采用了氯丁橡胶针织物制成，在前腹部和上背部设有长丝 3D 打印 TPU 通风口。这款 3D 打印结构还用到了

直接 3D CAD 建模技术，建模过程中使用了一款基础的 3D 模型，然后通过重复操作形成尺寸更大的图案［图 7.3（c）］。通过将各个组成部件环形成套，形成了红色的三角形 / 三路单元，以及蓝色的六边形 / 六路单元。将这些单元重复衔接，便形成了厚度约为 3mm 的矩形单元。虽然矩形单元具有一定的厚度，但是它为沙滩马甲提供了良好的弹性和耐用性。此外，该研究所选用的氯丁橡胶厚度和缝纫技术也具有可行性。为了保证接缝处足够光滑，在 3D 模型的矩形单元周围采用了宽为 0.5 cm、厚为 0.15 mm 的框架作为缝份。将一层或两层氯丁橡胶针织物与一层 3D 打印 TPU 材料缝合，缝纫手法选择了直缝和明缝。

无限活力［图 7.3（e）］为一款男女通用的连帽运动衫，采用抓绒针织物和 FDM 打印的 TPU 透气孔制成。这款设计实际上是混合动力舒适型背心的试验性研究，其目的是探索并评估将 3D 打印结构与针织运动服装组合的可行性。考虑到连帽运动衫的穿脱性，设计师特别重视使用 3D 打印技术对穿着舒适性的影响。这款连帽衫中的 3D 打印结构采用的是一种混合扭曲的编织图案，并且所有通风口均匀重复出现［图 7.3（d）~（f）］。这种 3D 打印结构是通过探索传统针织结构的变化实现的，基础单元通过均匀重复排列进而形成片状图案。设计人员首先织造了样品并进行性能和舒适性评价，在最终成品设计时，根据服装平面制版尺寸将 3D 打印组件按照特定尺寸进行制造，该 3D 打印组件采用四路单元重复结构，外观上与钻石结构类似［图 7.3（f）］。与混合动力舒适型马甲相比，它们的结构灵活性和弹性较差。

3D 打印组合复杂局部结构部件的难度会随服装接缝弯曲度的增加而增加。运动衫前衣身钟形结构的缝份与位于服装两侧的四片 3D 打印透气孔条带相衔接。该运动衫并未设置侧缝，但为了实现服装的通风性，在服装底部纳入了有弯曲接缝的通风组件，并使其朝向后背。考虑到材料和接缝的复杂性，3D 打印插件与针织抓绒部件接合时，采用了锯齿形缝份设计以获得抛光感的视觉效果。混合动力舒适型马甲中采用了相对静止的 3D 打印透气孔设计，而该款运动衫的 3D 打印组件周围没有采用框架设计来提高着装中的灵活性。最后，值得指出的是，两款服装中的 3D 打印组件都需要经过后整理，以去除基于 FDM 法的长丝 3D 打印过程中所用到的细微支撑材料。

7.2.4　基于计算机 3D 建模的 3D 打印集成鞋子

自从世界主要鞋履制造商发现 3D 打印技术可以创造出独特且具有复杂结构的鞋子，它们也开始使用 3D 打印技术生产鞋子。2016 年，安德玛作为全球首家上市销售 3D 打印鞋子的品牌，发布了第二代建筑科技（Archi Tech）男款鞋子——未来主义者（Futurist）系列。未来主义者系列由灯塔（Lighthouse）实验室开发，该系列推动并拓展了 3D 打印技术在鞋底开发领域的边界。未来主义者系列使用了压缩鞋面系统，该系统用到了安德玛快速成型技术，以帮助将脚固定于鞋子内并减少训练过程中的脚部移动。设计师还从传统服装中获得了灵感，在脚中部至脚踝处采用了外套式设计，以获得更强的支撑效果（图 7.4）。

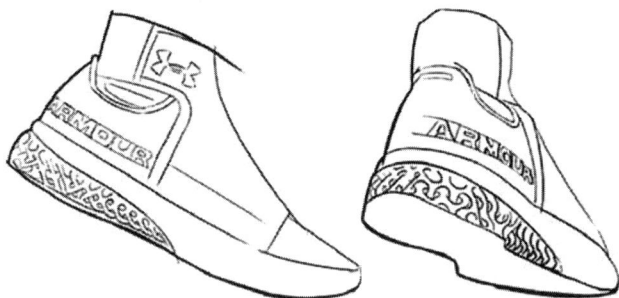

图 7.4　未来主义者男士训练鞋设计图

未来主义者鞋底薄荷绿部件采用基于 SLS 技术的 TPU 粉末 3D 打印制成（图 7.4）。3D 打印部件组合至鞋底，从而为耐力训练提供合适的脚后跟支撑、缓冲性以及耐用性。借助先进的计算机 3D 建模技术，安德玛的设计师和工程师对不同的复杂结构进行了实验，以保证在鞋底中部可以获得最佳性能。测试过程中的另一项重要考量因素是 3D 打印鞋底中部的漆涂层。这项专有技术进一步加强了鞋子的耐用性和弹性，从而使鞋子的性能最优化。总体而言，对于喜爱运动和娱乐的消费者而言，未来主义者鞋子是一款功能性与美观性俱佳的产品。

7.2.5　基于计算机 3D 建模的全 3D 打印鞋子

3D 打印使创造出超级复杂结构的私人定制成为可能[7]。为了开发一款满足生物力学需求的全 3D 打印鞋子，工业设计师厄尔·斯图尔特（Earl Stewart）使用 3D 打印技术设计了 XYZ 鞋，并基于生物和文化价值探索了其多元主义设计（图 7.5）。XYZ 鞋子通过多种材料喷射技术编制而成，这是一种基于树脂加工的技术，通过一次打印将弹性和硬性组件无缝衔接［图 7.5（b）（c）］。

这款鞋履是厄尔·斯图尔特与足科医生合作所设计的产品，其基于三维足部扫描结果满足了用户的合体性需求，从而使产品获得了更好的舒适性和稳定性[8]。该款鞋履使用三层鞋底结构以获得更好的合体性和舒适性［图 7.5（c）］。鞋底外侧由橡胶和硬性塑料的混合材料制成，以提高鞋底的耐用性。鞋底最上层也是由这种混

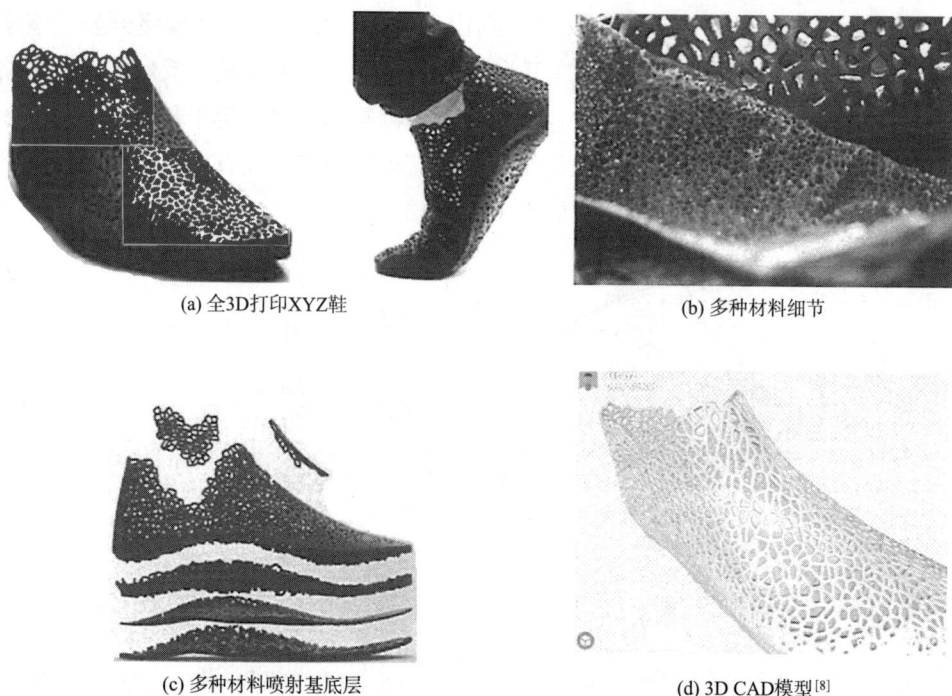

(a) 全3D打印XYZ鞋

(b) 多种材料细节

(c) 多种材料喷射基底层

(d) 3D CAD模型[8]

图 7.5 全 3D 打印鞋子

合材料制成，其目的是更好地为脚塑形；鞋底底层是由高密度橡胶混合物制成，以更好地为脚部提供保护作用；鞋面是由硬性和弹性材料共同制成，以提高鞋子的耐穿性；在鞋子中部和脚踝处使用橡胶材料，以提高穿着舒适性。

在该产品的数字化设计过程中，设计师首先使用计算机 3D 建模技术生成了一个基础结构，该机构从人类文化起源的角度描绘了生物成长中的细胞分裂结构[8][图 7.5（d）]。三维足部扫描结果用于 3D CAD 建模，为构建鞋子的结构提供数据，该鞋子结构通过不断地改进参数，满足了足部工效学的合体性需求。在改进参数的过程中，设计人员尝试使用了一款可视化编程工具，用于开发满足生物力学需求且具有有效密度的鞋履结构[8]。

7.3 运动服装中 3D 打印技术和材料的作用

随着 3D 打印技术越来越多样化和先进化，越来越多的材料和方法都可灵活地应用到成衣和功能性运动服装的生产中。设计师们发现了三种最佳打印技术可应用到服装和鞋履的设计中。第一种是 SLS 技术，其通过熔接过程实现（图 7.6），该技术依赖于激光束将材料烧成粉末状[9]。当物体通过烧结成型后，建造室的底部就会下移，其尺寸也随之发生变化。在该过程中使用滚轴不断地将每一层烧结产物压平。相比其他方法而言，SLS 法在总体上更耗时，而且工艺复杂、成本高。但是，SLS 方法也可以生产出高质量、复杂且准确的结构，而这是传统方法或其他方法所无法达到的。

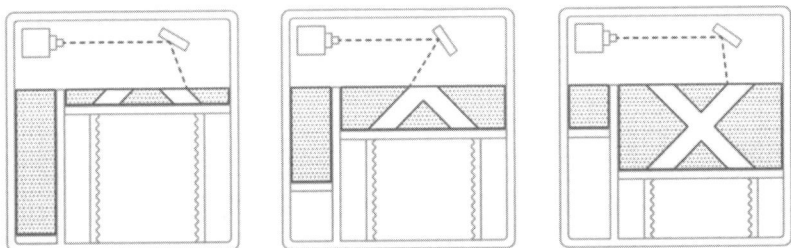

图 7.6　基于粉末状材料进行 3D 打印的 SLS 打印机[11]

此外，SLS 方法中的粉末状材料同时充当了建造和支撑材料。70%~80% 的粉末材料可以被回收再利用，这促进了整个 3D 打印过程的可持续发展。关键是 SLS 打印机器已经发展成了工业用机器，其具有体积大而且维护成本很高的特点。最近，推出了台式 SLS 打印机可以满足小型定制化服务的需求，其成本不到原来的 50%。值得注意的是，SLS 打印机需要在小腔室内生产产品，但 3D 打印可以在腔室里的任意位置进行。在一些先进的数字化设计过程中[10]，大型的 3D CAD 模型可以采用数字化而拆分成小型结构，然后通过 SLS 打印机进行制造。

至于粉末状材料，SLS 打印机通常使用不同种类的尼龙或聚酰胺粉末。有些情况下，设计师为了获得不同的材料特性，也会在打印中使用 TPU 粉末。与熔融材料获得的光滑表面特征相反，激光烧结过程将粉末材料聚集在一起从而获得多孔的表面。最终的打印成品往往需要经过后整理过程，以清理产品的表面，保证其达到上市销售的要求[12]。清除散粉块后，还需采用压缩空气来鼓吹产品表面，并用塑料珠进行爆破处理，目的是清除那些黏在产品表面的未被烧结的粉末。直至这一步，产品表面才能获得略带颗粒感的哑光质感，从而有利于合成染料和颜料的应用。

第二种在服装设计中广泛使用的熔融沉积制造技术 FDM 是打印方法（图 7.7）。熔融沉积打印机主要是将长丝纤维放在一个或多个喷嘴中，然后在平板上建造物体[9]。随着打印物体的高度不断增加，平板逐渐下移或喷嘴上移以适应物体的高度。该方法的打印质量取决于喷嘴的尺寸和打印机的打印精度、被打印物体的复杂程度和位置、长丝的种类和直径、不同的支撑结构等。通常而言，复杂物体在打印过程中需要采用轻薄材料支撑并固定其镂空部分。例如，极致制造（Ultimaker）等工业化的 FDM 打印机，在生产复杂结构时需要用到可溶解的支撑材料来实现其自由打印。

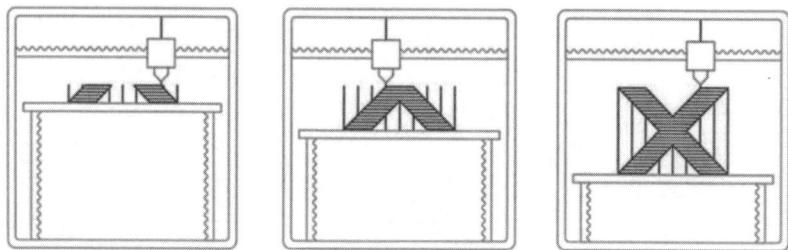

图 7.7 使用长丝纤维作为建造材料的 FDM 法 3D 打印技术[11]

在可用的细丝材料中，运动服装设计所频繁使用的是不同种类的尼龙和 TPU 材料。这两种材料无论是以柔性或硬性材料的形式参与打印，均比其他长丝［如聚乳酸（PLA）］在弹性和耐用性方面具有更强的性能，FDM 打印用的长丝纤维的色彩也很丰富。现在服装设计师认为 FDM 打印是性价比最高、速度最快且最全能的一种 3D 打印方法。使用这种方法进行服装研发，更有助于设计师突破传统 3D 打印方法的局限。例如，使用这种方法可以根据不同的长丝和设计优化打印尺寸、调整打印速度和打印温度。有些 FDM 系统可以使用非传统材料或创新型材料在另一个物体或传统纺织品上进行 3D 打印，从而研发出多功能运动服装，这些创新型材料包括弹性纤维素长丝（芬兰技术研究中心[13]）和基于细胞的生物材料[14]等。

考虑到产品的弹性和多功能性，喷射型 3D 打印方法可作为织造运动服装和鞋子的另一种方法。该技术使用液态树脂作为建造材料[9]（图 7.8），竖直落下的液滴有选择性地滴落至建造板上。在先进的材料喷射 3D 打印机中，可以在一次打印中根据自定义的材料特征使用不同种类的材料。该方法所打印的最终成品表面非常平滑，也可以呈现哑光或光滑的效果，或是哑光和光滑的混合质感。这种方法虽然几乎不需要进行后处理，但是材料喷射打印技术在打印过程中需要单独的支撑材料，这种材料通常是可溶解或可熔化的，但这也增加了打印的成本和准备时间，以及提升了打印作业的完整性要求[12]。打印的树脂材料可以是硬性 PLA、橡胶 TPU、具有复合材料和不同百分比的高级热塑性复合材料。与 FDM 打印法相同，材料喷射法的色彩选择空间也很大。使用材料喷射打印法的另一特有优点是，利用该方法所打印的产品表面精度更高更光滑，更适合进行销售。但是，考虑到该方法的复杂性和高昂成本，服装设计师在实际操作时更倾向于使用 FDM 方法。目前，鉴于 3D 打印技术在建造体积方面还存在限制，局部应用 3D 打印技术进行运动服装的设计研发更具有可行性。

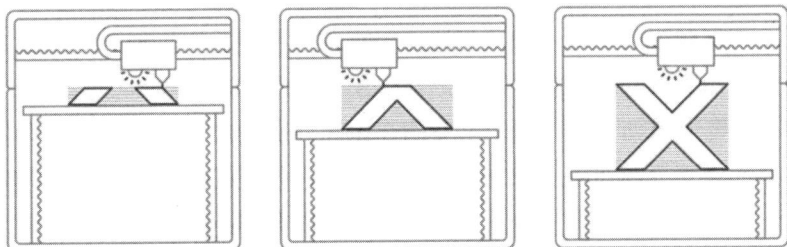

图 7.8　使用液态树脂作为建造材料和采用可溶解或可溶性材料作为支撑材料的喷射型 3D 打印技术[11]

7.4　3D 打印运动服装的优势及其技术

经过近 15 年的发展，纺织服装产业界和学术界逐渐意识到 3D 打印各类产品的潜能[15-17]。考虑到运动服装在功能性和舒适性方面的需求，其是应用 3D 打印技术最具挑战性的服装品类。但是，服装设计师及其他相关行业的设计师，比如计算机科学、工业和建筑设计、生物工程，正积极展开合作进行交叉学科设计，以确定 3D 打印技术的关键优势，并寻找突破挑战的方法。

7.4.1　3D 打印运动服装的优势

3D 打印技术的一大关键优势是可以高效生产具有复杂结构的产品。这主要源于数字化 3D 建模可以轻易地对设计进行扩展和优化。当使用 3D CAD 建模软件时，设计师可以通过简单地点击鼠标进行快速改变、转换、优化或保存设计作品。有时 3D 扫描技术也可用于逆向工程建模，获取已有物体的外形轮廓。例如，三维人体扫描可以为服装部件或 3D CAD 建模中的虚拟服装提供表面几何信息[3]。在一些先进的工艺制造中，3D 模拟技术可用于全尺度或局部虚拟试衣，还可以模拟并描述现实世界中的物体结构[10]。本章节讨论的 3D 打印方法将为设计师在解决设计中遇到困难时，提供更多的创造性想法。

7.4.2　3D 打印运动服装的技术

运动服装的功能变得越来越复杂多样，这不可避免地对传统服装设计方法造成了挑战。许多传统设计方法专注实物和有形材料，但是 3D 打印通常在虚拟环境中进行。因此，设计师需要更多地考虑材料的基础结构，包括：如何影响成衣的功能；如何影响成衣的美观性；如何与其他传统纺织材料（如拉链、弹力带）交互作用；如何保障着装者的舒适性，并优化着装者的表现。

设计师需要决定如何基于他们已有的知识和技术来应用这些新技术。传统的服装设计思维是基于平面制版、立裁、缝纫技术发展起来的，虽然数字化纺织品设计、数字化针织技术等数字化技术，已经用于不同的运动服装设计中，但这些技术主要为二维数字化设计技术。在使用 3D 打印技术进行设计时，则需要具有虚拟空间内的三维理解能力与空间视觉化技能[1]，从而将二维设计转化为 $x—y—z$ 坐标系统中的三维立体结构。利用 3D 打印技术进行服装设计时，时而需要基于传统的服装立体裁剪技术，时而需要新的工艺和技术的创新，尤其在使用长丝和粉末状等新材料进行设计时。

此外，传统运动服装的设计师需要熟悉使用新型 3D CAD 工具，以更好地探索复杂的结构。如今的大多数 3D CAD 工具是为建模行业和刚性零部件工程所研发的，并不是为使用有机体的设计师研发的，更不是为服装和纺织设计师所研发的。首先，3D CAD 建模的程序逻辑和 2D CAD 程序不同。其次，编程工具，甚至图标都无法直接应用到服装设计上。例如，将衣片缝合在一起需要用到 3D CAD 建模中的"加入"工具，分开或裁剪衣片需要用到"爆炸"工具。因此，为了适应这些多样化的技术，设计传统运动服装的设计师需要首先决定 3D 打印的范围，即全 3D 打印还是局部打印，然后确定服装的关键功能，并基于此挑选出最适合的材料和打印方法，以使着装者获得最优的着装舒适性。目前，最强大的程序包括欧特克公司（Autodesk）的犀牛（Rhinoceros）和三维建模（Fusion360），以及界面更复杂一点的 3Ds Max、Maya 以及 Blender，但是这些很少被用于服装的研发。在计算机 3D 建模中，通常使用参数化建模方法以及更加具有创造性的设计界面。当下使用得最多的程序和软件插件包括 Grasshopper、Dynamo 和 Python。在 3D 打印时，文件通常保存为".stl"格式，然后在正式打印前使用更加直接的 3D CAD 程序，例如 Netfabb 和 Meshmixer 进行修正。

最后，材料的性能评估是使用 3D 打印技术研发运动服装的另外一大障碍。虽然本章节主要讨论了两种材料（尼龙和 TPU），但其实还有很多与特定设计相关的性能需要满足。服装设计、打样，以及材料后整理或 3D 打印以及 3D 模型优化均是整个设计流程中的重要过程。正如前文提到的，目前许多新型材料和新型打印技术正逐渐开发用于运动服装的研发。当下，还需要设计师们通过发散思维来解决已经遇到以及可能遇到的难题。长期以来，设计师们的技术与知识系统将由传统设计体系向工程师级别迈进。现在看来，服装行业可能需要当代设计师积极整合不同的技术资源，与不同领域的人进行合作[17]。

7.5　结论

本章节介绍了 3D 打印在运动服装开发中的最新应用，包括基于多学科交融的服装和鞋履的设计，同时介绍了三大 3D 打印关键技术、相关材料和后整理技术。未来的设计师、生产商和小型企业制造商需要了解并评价使用 3D 打印技术研发高质量服装和鞋子的关键因素。选择 3D 打印方法和材料时，需要考虑的关键因素包括：具备功能和美学特性的服装可穿着性、最终集成的可行性、后整理技术的难度以及产品的实用性和新颖性。

为了适应新型编织技术和 3D CAD 建模工具，本章节重点强调了一些理论知识、技术和挑战。对于未来的设计师和相关利益获得者而言，解决服装从业者的学习问题非常重要，需要训练他们在熟悉 3D 打印的过程中使用传统的设计方法。3D 打印技术具有交叉学科特性，从而不可避免地使得设计师们需要在合作设计过程中不断学习和实操。为此，建议设计师在训练过程中与材料学专家和 3D CAD 方面的专家保持密切联系，从而学习运动服装设计的新知识。与此同时，作为新型技术应用的产物，整个运动服装供应链都有可能发生演变，这将促使在数字化时代出现新的产业角色和商业模式。

===== 参考文献 =====

扫码查看本章参考文献

第 8 章　竞赛用运动服装

何竹波（Chu-po Ho），楚万妮莎（Vannesa Chu）

时装及纺织学院，香港理工大学，红磡，香港，中国

8.1　引言

采用创新技术的高性能运动服装可以提高运动员在职业比赛中的表现。例如，虽然赛艇为坐式运动，但赛艇运动员在划船时仍然需要调动全身肌肉，其背部肌肉收缩、四肢大幅度伸展。在重复进行划船动作时，手臂需要拉伸、腿部推动、背部收缩、臀部伸展。运动服装的功能设计可以提高专业赛艇运动员的表现，是赛艇运动服装设计中最为重要的内容。本章概述了开发专业运动员用服装时的关注要素，并阐释了服装合体性与身体运动之间的重要关系，此外其他关注要素包括材料、舒适度和合体度。

8.2　赛艇运动的需求分析

赛艇是一项要求参赛者使用桨来推动船只的运动。1896 年，赛艇成为奥运会项目，1976 年蒙特利尔奥运会，女性赛艇运动员也参与进来[1]，自 1982 年起，赛艇成为亚运会的正式比赛项目。双桨划行和单桨划行是两种典型的竞技赛艇项目。在双桨划行项目中，运动员使用双桨，分为单人、双人或四人组进行；在单桨划行项目中，运动员使用双手握桨，分为双人、四人或八人组进行。这项比赛同时依据运动员的性别、年龄或体重进一步划分[2]。1996 年亚特兰大奥运会引入了轻量级比赛项目。在每次轻量级当天比赛开始前，运动员只能穿着赛艇运动服装称重。如果运动员或小组队员不符合体重要求，将被取消比赛资格。轻量级划分依据如下[2]：

（1）双桨划行：男性运动员最重为 72.5kg，平均体重不超过 70kg。

（2）双桨划行：女性运动员最重为 59kg，平均体重不超过 57kg。

8.2.1　赛艇运动的生物力学分析

赛艇运动的目的是使划船者和船只能够尽可能快速地完成规定距离的滑行。赛艇作为一项竞技运动，要求运动员有较高水平的力量和肌肉以克服船只向前运动时产生的风和阻力，保证船只平衡[3-4]。因此，与其他类型运动所不同，赛艇运动的重点在于当身体由座椅支撑时手臂和腿部运动，并且两条腿需要同时运动。赛艇的运动周期包括 4 个阶段：抓水、拉桨、出水和回桨。首先，赛艇运动员将船桨扎进水中，然后通过拉桨向船桨施加压力以推动船艇；当桨从水中抽出时为出水阶段，最后赛艇选手恢复到下一个抓水动作的过程为回桨阶段。在比赛期间，选手尽可能准确地重复上述步骤，以获得最佳的成绩[5]。史密斯（Smith）和勒施纳（Loschner）[6]指出，熟练的赛艇运动员应保持良好的划桨衔接一致性。

标准的国际比赛中男子赛道长为 2000m，而女子赛道为 1000m，通常完成需要6~8min[7]。赛艇会受寒冷天气、时间和刮风等环境因素影响[8]。赛艇是一项要求很高的运动，运动员必须具有合适的身高、强健的体能、高水平的有氧/无氧运动能力，同时也需拥有较强的核心平衡和心血管耐力[9-11]。

8.2.2　赛艇服装的设计需求

赛艇是一项要求很高的运动，因此对赛艇运动服装的要求也很高，其设计必须符合要求。根据国际赛艇联合会（FISA）[12]，赛艇运动服装必须采用汗衫、短裤组合或采用连体装，与此同时，团队成员的制服必须完全相同。赛艇运动服装的预算不能太贵，从而使每位成员均可负担，同时也不能改变运动的性质，不能对运动员的表现有加成效果，此外还要对环境无害，从而有利于促进赛艇运动的积极发展。

有报道指出，近年来国家级赛艇运动员的身体尺寸增加[13-14]。传统的运动服装设计仅考虑尺寸和合体性，不满足赛艇运动员的功能需求。除此之外，尤其在针对轻量级选手设计服装时，不仅要主要考量其生物力学和生理学特征，也需要考虑他们的体重特征。赛艇运动服装的面料重量是其功能设计的关键要素之一，采用轻量面料可以减轻赛艇运动员对服装重量的关注程度，从而可以有更多的能量进行赛艇运动。此外，在评价服装性能时需要关注其合体性、舒适性以及运动自由度。赛艇运动服装的设计可以帮助赛艇运动员克服生物力学和生理学的限制。

提高运动员成绩需要考虑很多因素，决定运动员成败的三个主要因素为：自身能力、装备和设施、运动服装设计[15-16]。通过研究运动服装对人体的作用表明功能性运动服装可以提高运动成绩。

服装的舒适性与环境条件、面料的热湿传递性能、面料手感、心理感知舒适性以及测试结果有关[17]。运动服装的舒适性取决于所使用纤维的类型、纺纱方式、织造参数、织物重量、织物密度、功能性整理、合体性和生产方式[18-21]。穿着舒适性是运动服装所需具备的重要性能，因为它会影响运动员的表现以及效率[22,23]，满足舒适性条件时人体才能发挥最大的效能[24]。米歇尔斯（Mecheels）[25]定义了以下四个方面的着装舒适性。

（1）热生理舒适性，表征指标包括透气性、隔热性和湿管理性能。

（2）工效舒适性，与服装的合体度和运动自由度有关，主要与服装的版型和面料弹性有关。

（3）皮肤感知舒适性，主要取决于着装者对与皮肤直接接触纺织品的生理感觉。

（4）心理舒适性，为主观感知舒适性，由个人喜好和服装的时尚度所决定，受到视觉、触觉、人体—服装相互作用和外部环境的影响[24,26]。

因此，舒适性可通过人体着装实验在人工气候室或特定的条件下进行[22]。

8.3 赛艇服装设计和开发

鉴于赛艇运动员服装的重要性，香港理工大学时装与纺织学院和香港赛艇队合作开发了赛艇运动服装。该项目包括材料采购、织物测试、样衣开发、着装试验和评估等内容。项目开始前便起草了一份详细的计划，其项目任务和目标详见表8.1。

表8.1　香港赛艇队赛艇服装开发项目的任务和目标

编号	项目任务	目标
1	对每位赛艇运动员进行量体，并进行小组访谈	·静态和划船运动时测量 ·识别当前赛艇服的个人偏好 ·识别当前赛艇服的问题
2	面料采购、打板、制作	·通过头脑风暴提出问题的潜在解决方案 ·开发第一次样衣
3	试穿试验（针对每位运动员的测体数据及个体偏好所制作的第一批样衣）	·让赛艇运动员穿上第一批样衣，然后在室内中心训练1h ·收集样衣的织物、尺寸、合体度、裁剪和缝合的细节反馈
4	第一轮着装试验（基于试衣阶段的反馈结果所制作的第二批样衣）	·赛艇运动员穿上第二批样衣进行日常训练 ·穿着4周后收集反馈结果

续表

编号	项目任务	目标
5	第二轮着装试验（基于第一轮着装试验的反馈结果所制作的第三批样衣）	·赛艇运动员穿上第三批样衣进行训练和比赛 ·线上收集样衣的反馈结果
6	正式为赛艇赛生产新型比赛服	·在评估调研结果后，制造商为赛艇赛生产新款比赛服

8.3.1　尺码与合体性

运动服装的合体性至关重要，它直接关系到运动员的表现及比赛结果[23]。良好的合体度和设计不应限制着装者的身体运动[27]。研究表明，总体而言有必要将服装穿着于真实人体再进行合体性评价[28]，这是因为合体性与真实人体的形态和动作相关[29]。因此，在设计过程中需要重点考量着装者对服装合体性的主观评价。

市场研究表明，来自 10 个不同国家的体育参与者认为体育运动服装的重要特征包括：舒适性、运动自由度、透气性、机洗性、耐用性、合体性和轻量性[30]。在这些因素中，服装的合体性与运动自由度直接相关。

就合体性而言，服装的松量是指目标区域内服装与人体本身间的距离差[31]。在制板过程中，可以通过增加额外松量[32]使得人体在穿着服装时实现运动自由度。服装的松量由设计、服装类型、人体体型、面料、服装功能及个人喜好等因素共同决定[33]。通常有两种不同类型的松量：穿着松量和设计松量[32,34]。穿着松量是为了舒适性和可穿性而在服装与人体间提供空间，从而使着装者能够进行拉伸等系列运动，而不会使服装受到拉扯[35]。设计松量是为了满足个人喜好和审美而增加的空间[32]，这种松量设计并非标准量，而是根据流行趋势而变化。

与服装舒适性和可穿性有关的松量包含四种类型：标准松量、运动松量、物理松量和工效松量[36-40]。它们的定义如下。

（1）标准松量，是人体在站立或坐姿时满足用户需求的松量。

（2）运动松量，是为了满足做某些极致动作和姿势时，服装与人体之间的距离差。

（3）物理松量，与织物的力学性能有关，例如，拉伸和剪切模量等与感知舒适度相关的性能。

（4）工效松量，与个体运动时身体尺寸的增加有关[41]。这种松量通过调整设计、调整合体度，以及改变服装的面料、结构和构造，以使不同目标用户在运动时不受限制。

在设计运动服装时，可以通过优化服装的松量来实现服装的舒适性和可穿性[32,34-35]。为了最大限度地提高着装者的表现，在设计时需要考虑运动服装的特定功能。例如，在很多研究中对人体解剖结构[27,42]进行了调查，以获得动态服装的围度松量[43]。

具有合体性的服装才能满足其功能需求。例如，柯克（Kirk）和易卜拉欣（Ibrahim）[44]指出，合体性与服装设计、服装尺寸与身体尺寸的比值有关，其是满足皮肤形变需求的重要因素。相较于批量生产的服装，量身定制的服装需要根据个体尺寸进行设计，因此更为合体[45]。现行的服装尺码和样板可能与运动员体型不契合，这可能会影响他们的运动表现[23]。此外，用于批量生产的服装制板方法在当前技术条件下具有一定的局限性。因此，本研究中采用三维（3D）人体扫描技术以满足合体性需求。

赛艇运动需要进行特殊的系列动作，这就要求其所穿着的服装具有相应的特点。赛艇运动员通过控制船桨来划水，为了实现循环往复的划桨动作，每位赛艇运动员需要回拉船桨以使其推动水前进。在这个过程中，赛艇运动员需要将船桨的手柄拉向腹部，如果运动服装太过宽松，多余的褶皱可能会干扰船桨手柄，进而影响赛艇的节奏。虽然紧身或更加合体的赛艇服可以避免上述问题，但是过于紧身的赛艇服不仅会影响运动员的舒适度，还会限制他们在赛艇运动中的伸展能力[46]。

因此，为了解决这些问题，该项目邀请了香港赛艇队的15名（9名男性和6名女性）赛艇运动员参与。在第一次会议上，赛艇运动员对他们现有的赛艇服进行了评价，该现有运动服装为海外订购，包含大、中、小三种可选尺码。赛艇运动员的体型各异，而现有运动服装的尺码系统与其他商业化的服装产品一样，并不能适应每种体型，标准化的赛艇服并不合身。为此该项目采用了量身定制的方式来适应不同体型的赛艇运动员，以防止因合体性差而导致的潜在问题。量身定制是优化赛艇运动服装的关键，香港理工大学采用3D人体扫描仪（ScanWorX）快速和准确地获取赛艇运动员的身体测量数据。

表8.2是赛艇运动员身体测量数据汇总表。男性赛艇运动员中最高和最矮的身高差接近21cm，而女性赛艇运动员的身高差最大达9cm，另外女性赛艇运动员的胸部、腰部和臀部尺寸存在较大差异。

表8.2　赛艇运动员身体测量数据汇总表

性别	身高（cm）	胸围（cm）	腰围（cm）	臀围（cm）
男性	166.5 ~ 187.4	43 ~ 48	93 ~ 99	79 ~ 89
女性	162.5 ~ 171.5	86 ~ 93	74 ~ 83	87 ~ 98

虽然 3D 人体扫描仪可以准确便捷地捕捉赛艇运动员静止站立时的身体数据以及划船时的身体伸展量，但为了满足个体对服装合体性的需求，研究团队联合技术人员进行了实验。研究小组让赛艇运动员在试穿第一批样衣时进行划船动作，以便技术人员观察放松量情况。此外，赛艇运动员和教练可以提出个体合体性需求和偏好，以便研究团队做出及时修改，在样衣上满足他们的要求和偏好。在开发样衣的早期阶段，3D 人体扫描提供了一种快速可靠的身体测量方法，技术人员利用测体数据对样板进行了改进，解决了赛艇运动员的主观合体性问题。最后，研究团队为赛艇队制作了 15 种不同的样衣，这些样衣与团队中每个赛艇运动员的体型相匹配。

8.3.2 材料选择

面料作为服装的基础，其直接与身体运动时的合体度有关。赫克（Huck）[47]研究了服装的织物特性对身体运动的影响，柯克和易卜拉欣[44]认为功能性服装的织物需要具备弹性和回复性，然而这两项研究都没有专门针对运动装进行探讨。虽然织物的性能在实践中很难评估，但拉伸和弹性等织物性能对于运动服装的功能具有重要作用[22,42,44]。例如，沃特金斯（Watkins）[48]提出，冰球运动员的服用织物需要满足其在冰上完成所有动作时的必要拉伸。登顿（Denton）[49]将服装的拉伸分为以下三种类型：

（1）舒适型拉伸，即服装满足运动拉伸，但不会太过紧身；

（2）合体型拉伸，即服装虽然合体紧身，但不会对身体施加较大压力；

（3）强力型拉伸，即对身体产生压力[27]。

运动服装需要采用具有最佳弹性和回复性的面料，以保障运动服装的功能。运动服装的合体性、舒适性、运动自由度和反复洗涤后的尺寸保型性等是保障其质量的决定因素[30]。由于针织面料具有可拉伸性和贴身感[39,50]，因此它们常被作为运动服装的首选材料。针织面料于 19 世纪 80 年代初引入运动服装市场[51]，它的毛圈结构使针织物具有弹性，在张力释放时能够恢复其形状[27]。针织面料的强拉伸性能使其可用于各种运动服装[52-53]。针织服装可以随着身体运动而拉伸，不会限制着装者的运动。1958 年发明的莱卡是第一款人造弹性纱线（氨纶），它是最受欢迎的针织面料之一。这种针织面料可以拉伸至四到七倍后，还可恢复原状[30]。莱卡能够使运动者轻松运动且不会影响其表现，因此其弹性在运动服装中广受欢迎[54]，少量或仅 2% 的莱卡就足以改善服装的保型性并改善着装者的整体运动表现[30]。

此项目中的赛艇服选用了 22 针距的罗纹针织面料，其成分为 92% 涤纶和 8% 莱卡的混纺弹性面料，面料的单位面积重量为 $200g/m^2$，较现有运动服装面料轻

40g/m²。涤纶和莱卡均为合成纤维，合成纤维具有柔软、重量轻、结构稳定且吸湿快干的特性，常用于体育运动服装[55]。

此外，赛艇运动需要在户外水面上进行，赛艇运动员常暴露于潮湿和紫外线（UV）环境下，因此赛艇服的面料应具有较好的透气性和防紫外线功能。赛艇运动员的身体常会接触海水而被弄湿，因此快干面料可以使其皮肤在接触海水后保持干燥。赛艇运动服装的材料必须具有良好的水分管理能力，能够使运动员在赛艇过程中保持皮肤干燥。

在对所选择面料进行采购之前，项目组针对面料的透气性、透湿性以及抗紫外线等关键性能开展了系列测试。表 8.3 列出了新款赛艇服面料的测试结果[46]。

表 8.3　新款赛艇服面料的测试结果

测试	标准	细节 / 评分
透气性（5 次洗涤后）	ISO 9237：1995	在 100Pa 条件下为 22cc/sec/cm²
透湿性（5 次洗涤后）	ASTM D96/E96M：2013	1200g/m²
顶破强度（psi）	ASTM D3786：2018	48psi
耐磨性	ASTM D4966：2016	10000 次摩擦后没有断裂
抗 UV（UPD 等级）	AS/NZS 4399：2017	50+

8.4　赛艇服装样衣的评估

在生产最终版赛艇服之前，为每位赛艇运动员制作几款样衣以评估服装的性能。该过程分为试穿（一轮）试验和着装（两轮）试验，分别在不同的地点进行。

试穿试验在培训中心进行。根据 3D 人体扫描仪所采集的个体数据，制造商为每位赛艇运动员制作了第一批样衣，每款样衣在尺寸和合身性上都具有独一无二性。由于该阶段的样衣主要是为了展示赛艇服的视觉效果并收集赛艇运动员的反馈，因此该阶段的所有样衣并未使用香港区旗标志，以降低生产成本和时间。所有赛艇运动员在穿上运动服装并持续进行一个多小时的室内训练后，对其样衣各方面的性能提供口头反馈。

为了评估个体的合体性偏好，要求部分赛艇运动员与其他赛艇运动员交换服装，以比较身体特定部位的不同合体程度，这是赛艇运动员评估个体合体度的好方法[46]。

表 8.4 列出了试穿试验中询问赛艇运动员的评估问题，这些问题在后续的着装

试验中也会同样采用，以便研究团队可以比较不同阶段的样衣结果。

表 8.4　评估问题

问题	目的
训练结束后，您认为新款服装是否增加了您的运动自由度（包括与座椅接触时）？如果不是，您能否针对以下部位提出建议。领口、袖窿、胸部、腰部、背部、胯部和大腿	评估：①织物的光滑度和弹性；②尺寸及合体性
训练结束后，您认为新款服装是否增加了皮肤的舒适性？如果不是，您能否针对以下部位提出建议。领口、袖窿、胸部、腰部、背部、胯部和大腿	评估：①尺寸及合体性；②缝型和针迹；③款式结构；④织物的柔软度
训练结束后，您认为新款服装是否能让您的皮肤保持干燥	评估织物的透湿性
训练结束后，您认为新款服装是否合体	评估：①尺寸及合体性；②织物的光滑度
您认为新款服装是否会让您的私处瘙痒呢（仅询问男性赛艇运动员）	评估：①服装的结构；②缝型和线迹
您对新款服装整体意见是?	评估服装的整体舒适性

　　技术人员在进行第一批样衣设计时，针对赛艇动作在背部增加了松量以便着装者运动，然而这种方法适用没有弹性的服装。在获得赛艇运动员的反馈后，发现高弹面料无须加放松量，若不加放松量，研究团队必须确保每位赛艇运动员的腰部均不会太紧。在试穿环节获得赛艇运动员对赛艇服合体性的第一印象至关重要，在后续的样衣设计中，腰部和背部均没有再加放松量。技术人员收到反馈后，直接在服装上标记以跟进修改，然后生产第二批着装试验的样衣。

　　着装试验为两轮，在不同地点进行。赛艇运动员穿着第二批样衣在中国香港进行为期 4 周的日常赛艇训练，以便他们对样衣有更深入的了解。赛艇运动员需要长时间穿着样衣，每天清洗，并将其暴露于阳光、雨水和海水等户外环境中，预计这次着装试验的反馈会更加深入。在 4 周训练结束后，研究小组在培训中心与赛艇运动员会面，并邀请赛艇运动员对表 8.4 中列出的问题进行口头反馈。

　　在第二批的样衣中，背部和腰部区域比第一批样衣更贴合人体。在第一次试穿试验后，所有赛艇运动员都认为赛艇服的背部和腰部不需要额外加放松量，另外主要针对紧身裤做出了一些改进。大多数赛艇运动员喜欢更长、更为宽松的紧身裤，这样在赛艇时才能更舒适。

　　在对第二批样衣进行修改后，赛艇运动员对第三批样衣进行了第二轮着装试验。在赛艇赛开始前，赛艇运动员在训练和区域比赛中穿着第三批样衣，并利用在线问卷提供了反馈。该问卷采用 7 级李克特量表，赛艇运动员通过该量表对样衣的舒适性进行评分，其中 3 代表最舒适，−3 代表最不舒适，0 代表既不感觉舒适也不感觉不舒适。问卷结束时设置了一个关于整体感知舒适度的开放式问题，以便赛艇运动员可以针对样衣发表任何意见。研究团队和赛艇运动员将重点关注问卷中平均值低于 0 的问题。表 8.5 总结了赛艇运动员的主要意见。

赛艇运动员给所有因素打了 2 分或 3 分，并且未对新款样衣作出相关的负面评价。在考虑了所有评价后，正式制作赛艇运动服装。

表 8.5　赛艇运动员的主要意见（基于线上问卷）

主要意见
·新款样衣合体，赛艇时我可以自由运动
·新款样衣的裆部更加舒适，减少了私处的摩擦（该评价源自一位男性赛艇运动员）
·新款样衣更轻便，这意味着我可以拥有更多力量进行赛艇运动
·新款样衣对于轻量级比赛的选手而言更为重要

8.5　结论

生产重量轻、穿着舒适的运动服装并非易事。研究人员必须根据赛艇运动服装的特定要求制订系列面料的测试项目，赛艇运动服装用面料需要具备一定的防紫外线功能，具有良好的透湿性、轻量性、柔软、耐用性以及色牢度好。

在为香港赛艇队开发新款赛艇服时主要考虑了面料和合体性两个重要因素。面料需要具有伸缩性、透气性、耐磨性、吸湿性、热透性、吸汗性、抗紫外线性，为运动员提供舒适和合体的穿着体验。在赛艇服的研发过程中，面料的重量、剪裁等特性都满足了运动员的需求。

赛艇运动员在进行划桨运动时，必须伸展整个背部、手臂和腿部，因此赛艇服必须适应这些特定的身体动作。另外接缝、舒适性和合体性等方面也同样重要。

══════ 参考文献 ══════

扫码查看本章参考文献

第 9 章　面向老年女性的新型瑜伽文胸

劳纽曼[a]（Newman Lau），张俊[a]（Jun Zhang），叶晓云[b]（Joanne Yip），
余温妮[b]（Winnie Yu）

[a]设计学院，香港理工大学，红磡，香港，中国
[b]时装及纺织学院，香港理工大学，红磡，香港，中国

9.1　瑜伽文胸的基本要求

瑜伽是一项身心相融合的运动，瑜伽可以促进健康、平衡情绪、增强自我意识、治疗 2 型糖尿病以及各种其他身心问题[1-3]。瑜伽包含两方面的内容。一方面，瑜伽通过呼吸法控制呼吸，要求练习者尽可能地吸气和呼气[4]；另一方面，瑜伽通过体式练习实现各种身体姿势的控制，例如，向不同方向弯曲、扭转身体或拉伸局部身体，以及平衡身体[5]。在进行相关呼吸练习和体式练习时，需要身体用力及伸展，因此瑜伽文胸至关重要。瑜伽文胸可以帮助练习者提高运动表现[6]。

传统瑜伽文胸旨在提升练习者在瑜伽中的表现，并防止运动引起的胸部损伤，因此瑜伽文胸的设计要求通常集中于功能性、舒适性和支撑性方面。市场上大多数传统瑜伽文胸品牌都声称其产品能够保护胸部、防止胸部受伤，且具有拉伸性能，可以满足肢体活动需求。现今的瑜伽文胸不仅应具备这些基础功能，还需要具备时尚化和女性化特质，以满足人们的不同生活方式[7]。合体性不足的文胸设计会对健康产生严重的负面影响，例如造成胸部疼痛和背部疼痛，甚至整个上半身疼痛，这些负面效应在很大程度上会影响着装者的运动表现并降低女性参与运动的积极性[8]。更严重的是，丰满的女性在穿着不合体文胸后，其胸部皮肤可能在拉伸后而无法恢复，从而不得不接受胸部缩小手术[9]。

图 9.1 为典型的运动文胸或瑜伽文胸的主要结构部件图，其通常包含肩带、背带、肩带调节扣、文胸罩杯、后比、侧缝、下扒、钩扣和钩圈等。

这些部件为着装者提供塑形或支撑作用，从而使其感到舒适和时尚感。研究人员针对各类运动文胸开展了大量的研究，普通运动文胸根据运动的激烈程度可分为

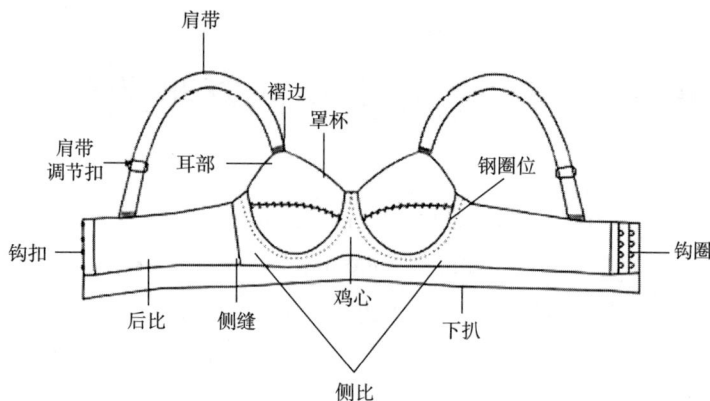

图 9.1　典型的运动文胸或瑜伽文胸的主要结构部件图

高强度运动用文胸、中等强度运动用文胸以及低强度运动用文胸。低强度运动用文胸即为瑜伽文胸，它可以为肢体提供灵活性及延展性。已有较多研究有针对性地分析了瑜伽文胸的保暖性、美观性、舒适性和支撑性等方面的性能，瑜伽文胸还需满足运动文胸的热舒适性、卫生舒适性等要求。古（Gho）等[10]研究发现，运动文胸的肩带、罩杯和钢圈通常是最不舒适的部件，在这些部件中，肩带容易脱落或勒紧肩部，其不适感最为严重；文胸罩杯的不适感主要源于罩杯与皮肤紧贴程度不够、罩杯过松而起皱、罩杯过紧而挤压胸部。刘（Liu）等[11]总结了影响运动文胸舒适度的主要因素，他们在研究中采用了 11 种不同类型的运动文胸进行实验，并将 31 名具有不同胸部尺寸的女性作为受试者。研究结果表明，女性胸部的尺寸不同，其对运动文胸的性能侧重有所不同。具体而言，胸部丰满的女性更关心肩带的设计和文胸的聚拢塑形效果，而中小罩杯的女性则主要关注胸罩的耐磨性和提拉丰胸能力。陈（Chen）等[12]对 80 位女性进行了访谈，征求她们对文胸合体性、支撑性、罩杯设计、开扣方式、尺码和弹性的看法。研究发现钢圈、文胸罩杯和肩带是导致文胸不舒适的三个主要因素，而肩带上的钩扣和钩圈同样也增加了不适感。图 9.2 为文胸不适感致因的访谈结果。

张（Zhang）等[13]建议，针对胸部丰满女性的文胸设计需要考虑胸部溢出罩杯的问题以及文胸的聚拢效果。因此，对于胸部丰满女性的文胸罩杯应选择具有较小弹性或较高模量的材料以提供全方位的支撑[14]。相较肩带的方向而言，具有良好版型的文胸下扒可以为胸部提供更好的支撑[15-16]。合体的下扒既不能太紧也不能太松，下扒太紧会压迫胸部从而限制呼吸，而下扒太松则无法为胸部提供足够的支撑。选择合适的弹性面料可以缓解下扒的松紧问题，下扒的弹性不仅可以满足上身

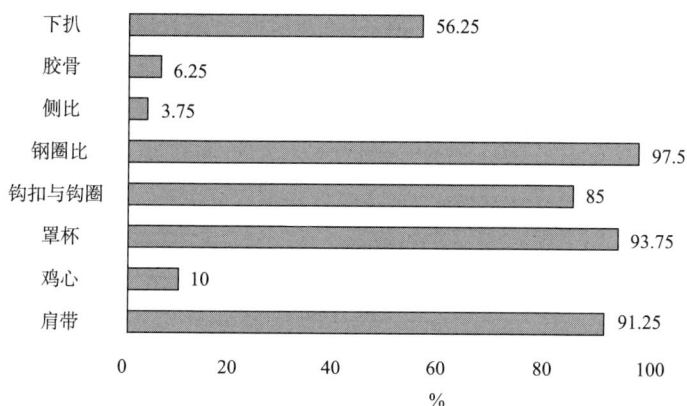

图 9.2 文胸不适感致因的访谈结果[12]

躯干的运动需求，而且可以防止胸部的过度移动。文胸下扒应该具有足够的弹性，以允许呼吸时胸部在水平方向上的扩展，同时最大限度地降低胸部在横向和垂直方向的运动。运动文胸设计时所需考量的因素有很多，这增加了其优化设计的难度。一般而言，文胸材料不仅应具有较低的拉伸模量以防止其变形，而且应提供良好的弹性恢复性能。

越来越多的研究关注运动/瑜伽文胸的设计或关注科学合理的设计标准。大部分的研究阐释了胸部的生物力学特性与文胸舒适性、支撑性和美观性之间的关系。胸部的生物力学分析主要涉及其运动学和动力学数据。在胸部的运动学研究中，很多文献都指出运动时胸部的移位与胸部出现不适、疼痛等问题相关。陈（Chen）等[17]通过控制胸部运动，研究了运动文胸的类型和行走速度对胸部舒适感和不适感的影响。结果表明，在跑步运动中压缩式运动文胸比包裹式运动文胸所提供的支撑效果更为明显，而在静止状态时压缩式运动文胸的表现不如包裹式运动文胸。

此外，运动文胸可以减缓胸部的移动速度，并降低其运动强度[9,18]。麦吉（McGhee）等[19]在受试者乳头位置放置了直径为 2mm 的红外发光二极管，以此来量化胸部相对于躯干的运动范围。他们采用动作捕捉设备收集并记录发光二极管的运动数据，然后计算乳头的相对运动值。实验中所选择的运动文胸均为胸部提供了良好的支撑作用，但是各款文胸在胸部的垂直位移控制方面几乎没有区别，胸部的垂直位移可能与其瞬时垂直速度呈正相关[20]。本章首次提出采用弹性材料制作文胸罩杯，以便控制胸部在垂直方向上的运动。然而，罩杯的弹性材料对于限制胸部的瞬时垂直速度几乎没有作用。

在胸部的动力学测量方面，哈基（Haake）等[21]将女性受试者的跑步运动学数据转换为动态应变数据。经过两次对动态应变数据的微分计算，得到了胸部的最大动态加速度。他们的研究结果表明，胸部的不适在很大程度上取决于胸部的动态应变和最大动态加速度值，因此降低这些值可以减少在跑步过程中胸部的不适感。但是，当女性未穿着文胸静止站立时，胸部会由于重力作用在前胸部位产生前扭矩[9,22]，这样会导致胸部位置难以确定。为了解决该问题，米尔斯（Mills）等[14]让受试者将胸部浸入水和豆油中来对抗胸部的重力作用，并利用流体的浮力来量化重力作用下人在静止站立时乳头的位置。他们根据胸部的浸入情况来估算乳头的位置，研究发现胸部重力显著影响静止状态下乳头的位置，因此忽视重力对胸部的作用会导致在评估胸部疼痛原因时得到错误的结论。

劳森（Lawson）等[23-25]通过定量和定性的方法，评估了运动文胸在控制胸部位移方面的能力，并评估了文胸的整体舒适性及其对不同尺寸胸部的支撑性。研究结果表明，最舒适的运动文胸是由中等模量的全棉和氨纶混纺针织面料制成，无紧固部件设计、采用背部交叉式或 Y 型设计，插入罩杯的胸垫采用低模量织物制成，有助于提升运动自由度。周（Zhou）等[26]通过测量 24~40 岁的女性在穿着不同运动文胸时的胸部运动，确定了运动文胸的设计要素，这些设计要素中最为有效的要素包括高领口、十字背带、宽肩带设计等。

9.2 新型老年女性瑜伽文胸的设计和开发

老年女性的瑜伽服装越来越受到学术界和工业界的关注，工业界对瑜伽服的商业化很感兴趣，因为他们意识到瑜伽练习有益于身心健康，而越来越多的老年女性经常参加瑜伽锻炼[27-28]。虽然现在越来越多的老年女性对瑜伽的相关活动感兴趣，但是关于这类人群对瑜伽文胸的喜好却鲜有了解。在设计瑜伽文胸时，较少关注老年女性的需求。老年女性对瑜伽文胸的需求研究一般集中于三个方面：①因年龄增长所导致的身体特征变化；②基于主观认识和身体特征，老年女性对瑜伽文胸的喜好或要求；③老年人群对不同瑜伽文胸设计的反馈。

为了更好地了解老年女性对瑜伽文胸的需求，首要目标是需要了解衰老过程中女性的身心变化，然后才能更好地理解老年女性对瑜伽服装的需求。衰老过程不仅会引起女性身体参数的变化，而且会对她们的购买行为产生很大的影响。因此，如果瑜伽文胸的设计能够同时满足老年女性的心理需求和生理需求，那么她们就会购买和穿着瑜伽文胸，并更多地参与到瑜伽练习中。

9.2.1　心理需求

处于生命不同阶段的女性可能参与不同种类的运动和体育活动[29]。前期研究表明，为了提升健康程度，老年女性会积极参加锻炼，这也丰富了她们的退休生活[30,31]。能够显著激励老年女性参与锻炼的因素包括自信力、身份地位、社交力、外部动机（奖励、目标或家庭支持）和能够穿着漂亮衣服[32-35]。里修斯（Risius）等[36]研究发现，由于文胸具备塑形性作用，可以掩盖女性的衰老迹象，因此运动文胸能够提升成熟女性的自信心。更重要的是，现代运动文胸的设计为一项系统工程，其包含科学地选择先进纤维材料以及多功能的服装结构设计，所创造出的运动文胸设计精良，可以减少胸部不适、防止运动导致的胸部损伤及减少胸部组织的潜在永久性损伤[37]。当老年女性穿着合适的瑜伽文胸时，她们对于胸部外观的自信心以及练习瑜伽的信心也会增加。

9.2.2　生理需求

埃利亚金（Eliakim）等[38]研究了老年女性对运动服装的偏好，他建议面向老年女性的织物应该经过预缩处理且能够提供合适的压力。此外，织物还需具备较好的弹性，特别是横向上的弹性，织物图案也需要精心设计以使其在视觉上达到显瘦的效果。老年女性喜欢配置口袋，以便容纳眼镜、纸巾等个人用品。由于大多数老年女性都或多或少地存在身体不便，因此运动服装必须容易穿脱，而老年女性喜欢前开扣式服装以提升穿脱方便性。张（Zhang）等[13]进行了问卷调查，并基于调查结果提出了老年女性文胸的具体设计原则。老年女性更喜欢全罩杯、宽肩带、薄杯垫、易于穿脱的开口设计，此外文胸需要更多地覆盖她们的身体，以隐藏背部脂肪及包裹胸部。

年龄增长对女性的身体比例影响很大，尤其是对女性的上半身影响，这些影响还会伴随形态的变化。乌尔格尔（Ulger）等[39]测量了 120 名妇女的胸部密度，结果表明在绝经前后，胸部密度急剧减少。胸部密度的降低意味着胸部弹性的下降，胸部支撑力不足将导致其在重力作用下发生下垂[40]。体重超重（高体重指数）、丰满的女性在绝经后更容易出现胸痛现象，换言之，绝经后的女性会受到一系列身体变化的影响，从而可能改变胸部的生物力学特性、加剧脊柱疼痛[41]。

阿什当（Ashdown）和娜（Na）[42]比较了一组老年女性（40 名 55 岁以上）和一组年轻女性（40 名 19~35 岁）的 3D 全身扫描结果（图 9.3），调查了因年龄增长而引起的上半身形态变化。研究结果清楚地表明，年长和年轻女性的胸部形态之间存在显著差异。老年女性具有较大的乳头和乳间距，较小的前胸夹角。总而言之，老年女性的胸部更加下垂，且乳间距更大，这导致她们在购买文胸时容易受挫。为了缓解上述问题，老年女性更喜欢挺拔的文胸，从而为胸部提供更好的支撑，缓解胸部下垂的问题[36,43]。

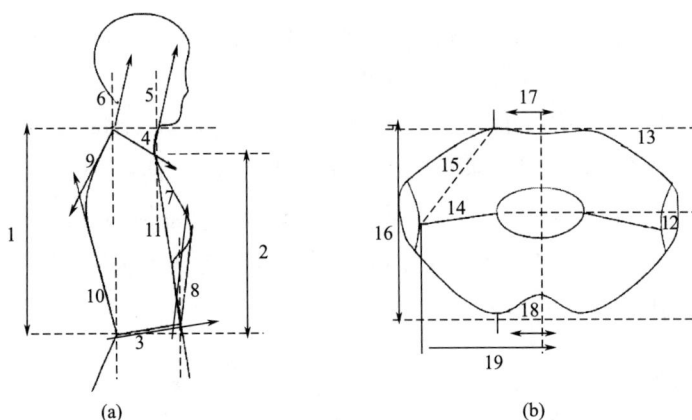

图 9.3　基于三维人体扫描的身体矢状和横截面视图

1—背长　2—前腰节长　3—腰线倾斜角　4—颈窝角　5—颈倾角　6—颈椎倾角
7—前胸夹角　8—前腰角　9—后背角　10—后腰角　11—前躯干角　12—肩线角
13—肩胛点夹角　14—肩线、肩峰点和肩胛点　15—肩胛中点　16—背厚　17—肩胛点到后中
18—乳尖点到前中　19—肩峰点到前中

年龄的增长不仅会改变老年女性的上半身形态，也会改变她们的胸部内部构成。胸部内部构成发生变化的标志是胸部下垂和乳间距变大。胸部下垂是由于胸部悬韧带随着时间和重力作用而发生过度拉伸，从而导致胸部组织向下移动[44]。对于55~69岁的妇女而言，胸部中脂肪和腺组织的平均数量将减少或持平[45]。因此，相较于年轻女性而言，老年女性在运动时其胸部运动受力的影响更大，因此需要更好地了解她们的需求以便设计符合人体工学的瑜伽文胸。

涉及真人对象的实验有其局限性。这类实验的准备工作复杂、需要招募实验对象、费用昂贵且耗时，并且只能产生有限的数据。越来越多的研究使用有限元建模等仿真方法来弥补实验研究中的不足。建立有限元模型的流程图如图9.4所示。采用非线性有限元建模可以对无文胸和文胸穿着状态下胸部的形变进行分析。胸部形变的有限元分析模型的研究主要包含三个方面。

人体几何模型的建立可以采用不同方法，其示例见表9.1。这些方法在几何模型的获取方式及其在各有限元模型中的应用方面均存在差异，部分研究集中于探究

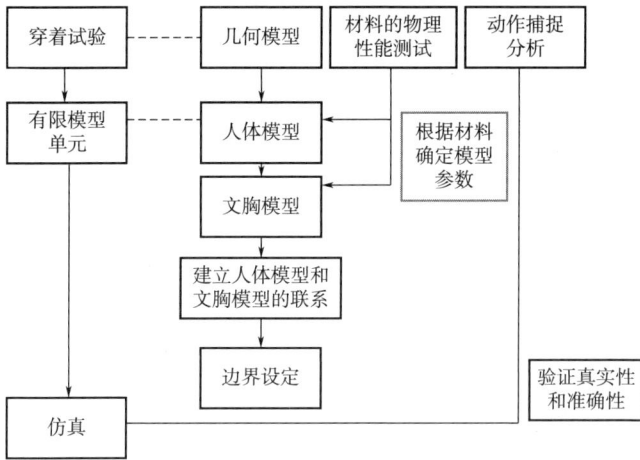

图 9.4　建立有限元模型的流程图

边界条件的设定问题。伽马吉（Gamage）等[46]建立了有限元模型，并设置了边界
条件来预测俯卧至仰卧时上半身胸部在重力作用下的形变。鉴于该过程中胸部会发
生较大形变，因此他们建议有必要将该模型进行细分，使用更为详细和更为准确的
机械参数（如刚度）和解剖学参数。陈（Chen）等[47]建立了胸腔和胸部的几何模型，
并将皮肤划分为具有特定物理属性的三层，通过使用 Neo-Hookean 超弹模型模拟胸
部的大幅度形变，以研究跑步运动对胸部的影响。

表 9.1　用于胸部生物力学分析的有限元模型建立案例

方法			
成像			
几何模型获得方法	核磁共振成像（MRI、3DX 射线显微镜）	量身定制的 3D 影像测量成像系统	3D 激光人体扫描仪，捕捉穿着不同文胸下的人体影像
特点	准确度高、在仰卧和俯卧时观察内部结构和比例	预测胸部在高强度活动中的位移	预测不穿文胸和穿着不同文胸的胸部运动
应用	外科诊断	瑜伽文胸的工程设计	瑜伽文胸的工程设计
来源	丹奇—维尔佐夫斯卡（Danch-Wierzchowska）、波里斯（Borys）和斯维尔-尼亚克（Swier- niak）[49]	陈（Chen）等[47]	孙（Sun）等[50]

123

学者通过所建立的有限元模型，分析了瑜伽体式"战士第二式"（图9.5）状态下胸部部位的皮肤伸展情况，其结果可用于瑜伽文胸的人体工程学设计。该有限元模型采用简化的女性上肢肌肉骨骼系统建立[48]。利用该模型可以更真实、更准确地模拟女性上肢运动。

在仿真建模中，老年女性的上半身需分成若干组分，具体包括形状不规则的胸部主要肌肉、肱骨、胸部、皮肤以及其他基于人体解剖结构的支撑骨骼。根据模型

图9.5 瑜伽体式"战士第二式"

中各组分的材料特性，采用穆尼—瑞夫林（Mooney Rivlin）超弹材料模型来模拟乳腺组织，采用尼昂—虎克（Neo Hookean）模型来模拟皮肤弹性。建模完成后，将仿真结果与基于运动捕捉系统的胸部形变数据进行比较，然后通过调整模型中不同部件的材料特性，可以得到最佳的仿真结果，进而确定胸大肌的肌肉物性参数。

利用基于上半身骨骼肌肉系统的有限元模型，研究上臂展开时胸部的形变结果如图9.6所示。结果显示，在手臂展开时，胸部发生最大形变部位为胸部上外侧四

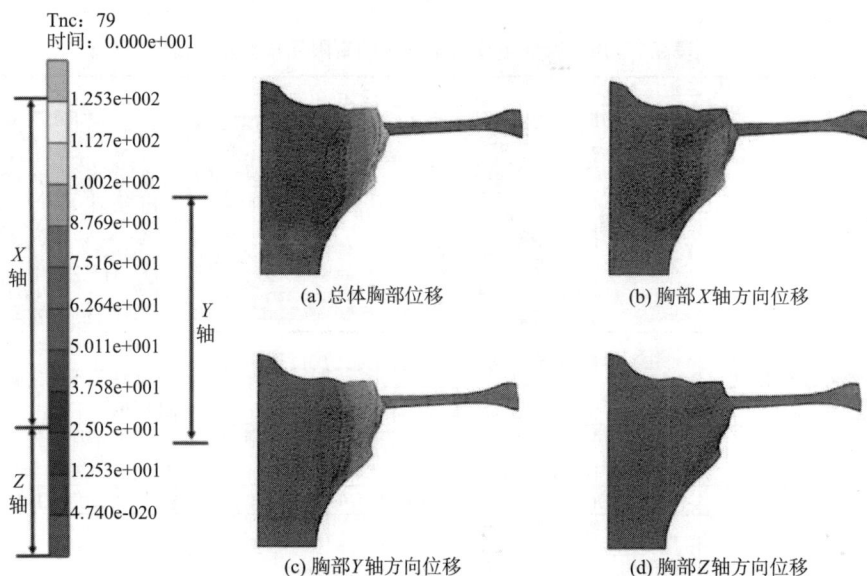

(a) 总体胸部位移　　(b) 胸部X轴方向位移　　(c) 胸部Y轴方向位移　　(d) 胸部Z轴方向位移

图9.6 利用基于上半身骨骼肌肉系统的有限元模型研究上臂展开时胸部的形变

分之一的部位[48]，该部位的变形量几乎为胸部上内侧四分之一部位的四倍，这可能是因为胸内肌的收缩所造成的。该实验的对象为老年女性，她们的肌肉失去了弹性，因此老年女性在做瑜伽时其胸部可能比年轻女性的形变程度更大，确保瑜伽文胸为老年女性胸部的上外侧四分之一部位提供更多的支撑尤为重要。

9.2.3　选择材料

瑜伽文胸材料的选择是其设计过程中的重要步骤，选择材料时需根据目标用户的特征及预期用途来进行。表 9.2 总结了市场上常用的运动文胸面料。这些面料大部分由高含量氨纶纤维构成，其具有良好的拉伸性和回弹性。

为了确定瑜伽文胸各组件所采用的织物，应对织物的基本性能进行测试，这些基本性能包括热传导、水分管理、耐久性、触感及力学性能（如弹性、弯曲度、可回复性和压缩性能）等。张（Zhang）[51]认为由于老年人对外界温度变化很敏感，因此在选择老年人运动服装材料时，必须考察材料的热传递性能。面向老年人的运动服装材料可以选择聚丙烯等专用保暖材料，以防止皮肤受到刺激以及出现低体温症等现象，另外多层服装也能为老年人提供更好的保温效果。

表 9.2　市场上常用的运动文胸面料

面料编号	局部放大图	纤维含量	组织结构	性能
1		80% 尼龙 / 20% 氨纶	蜂巢网眼针织物	优异的延展性和回复性、柔软、包覆性好
2		78% 尼龙 / 22% 氨纶	1×1 罗纹针织物	耐用、优异的延展性和回复性

面料编号	局部放大图	纤维含量	组织结构	性能
3		85% 尼龙 / 15% 氨纶	单面平纹针织物	重量轻、快干、易洗护
4		80% 尼龙 / 20% 氨纶	经编网眼织物	快干、优异的透气性和透视性
5		90% 尼龙 / 10% 氨纶	单面平纹针织物	优异的延展性和回复性、柔软、包覆性好、重量轻

续表

面料编号	局部放大图	纤维含量	组织结构	性能
6		93% 尼龙 / 7% 氨纶	1×1 罗纹针织物	易洗护、弹性差

　　纺织材料的吸湿性可以通过测量织物的吸水率、水分扩散速度和水分单向传递指数进行评估。织物的水分管理能力从差到优可以分为 1 至 5 级[52]。选择具有优良水分管理能力的面料作为老年女性瑜伽文胸材料十分重要，这类面料可以通过快速吸湿排汗来保持皮肤干燥并让人体感觉到舒适。表 9.2 中的样品 1 和样品 4 具有多孔结构，可以提供良好透气性和透湿性，因此这两种织物通常用于袖窿部位或其他需要排汗的部位，这些排汗部位需要空气流动及水汽渗透。

　　用于瑜伽文胸的面料也需要具有耐久性。在进行瑜伽运动时，瑜伽文胸可能会不断地与躯干和手臂发生摩擦，因此瑜伽文胸的某些部位可能很容易受到磨损[53]，其磨损程度与织物纤维含量、纤维或纱线的质量、纤维或纱线的密度、织物力学性能以及服装结构有关。

　　瑜伽文胸作为贴身内衣，可看作是人体的第二层皮肤，其穿着时与人体紧密接触，着装者可以迅速感知织物的触感及其舒适性[54]。织物的触感通常包括柔软度、硬挺度、光滑度、刺痒感、粗糙度和脆性等。传统的织物触感评价采用主观问卷调查法，但由于个体对织物感知的结果不同，该方法所获得结果的一致性较差。但是，提升文胸的触感舒适性具有一些通用的方法。平纹单面针织物的表面光滑，其悬垂系数为 20%（悬垂系数的范围为 0~100%，悬垂系数越小，悬垂性越好），具有较好的悬垂性和较小的硬挺度[53]，因此表 9.2 中的样品 3 和样品 5 适合瑜伽文胸外层和无痕文胸使用。老年女性的胸部密度低、缺乏弹性，为了避免织物刺激皮肤，花边、配件和刺绣等部件的连接应该采用无缝技术。无缝技术包括无缝模杯[55]、用于弹性文胸下扒的热塑性黏合材料[56]以及用于包边的超声波黏合材料[57]。

9.2.4 设计草案

服装压力是影响文胸整体舒适度的主要因素之一，其值不能太大也不能太小。张（Zhang）等[58-59]建议服装压力应在 $60 \sim 100g/cm^2$，高于 $100g/cm^2$ 的压力会超过毛细血管的压力，从而引起不适、造成生理方面的负面影响，这些负面影响包括降低心排血量、降低血流量，甚至影响心脏交感神经活动[60-61]。反之，若服装压力过低，则其就不能发挥预期功能，也不能提高着装者的运动效率。老年女性的文胸需要提供合适的服装压力，采用塑形能力优良的纺织材料作为瑜伽文胸的罩杯，以提拉下垂胸部并营造出美感。腹部、胸部或胸部等不同身体部位应选择具有不同弹性的材料，以提供不同水平的压力来适应身体的弯曲形变[62]。瑜伽文胸的整体压力舒适性并非取决于某特定部位的局部压力，而是取决于整个文胸的压力分布[63]（图 9.7、图 9.8）。

充分证据表明运动文胸可以防止胸部在体育活动中的过度运动[64]。在着装者运动过程中，文胸和胸部相互作用，为了控制胸部运动，瑜伽文胸应该吸收胸部运动时所产生的动能，这种冲击能量的吸收可以通过各文胸部件的形状变化来实现。例如，文胸罩杯可以充当能量吸收器，当文胸罩杯受到外力作用时，具有良好压缩能力的文胸罩杯可以通过改变其形状将胸部的动能传递至罩杯；当罩杯恢复至原来的形状时，能量再进行释放。胸部运动时通过将动能转移至文胸，从而控制胸部的过度运动、实现保护作用。然而在每次能量转移时，胸部都会持续晃动[65]，因此拥有较大胸部的老年女性更应采用较宽的文胸肩带以及具有良好压缩性能的文胸罩杯。

表 9.3 为老年女性瑜伽文胸的设计标准，这些标准是根据文献和文胸各组件功能总结而成。图 9.7 为本研究中老年女性瑜伽文胸的可调节肩带、开扣、全罩杯、定制罩杯等部件的设计说明。研究中已制作出该样衣，如图 9.8 所示。

表 9.3　老年瑜伽文胸的设计标准

部件	设计标准	特征
面料	透气、热舒适性	·天然面料、具有凉爽感，采用玉石纤维织物等 ·抗异味的聚酯针织物 ·轻薄透气材料

续表

部件	设计标准	特征
弹性文胸宽肩带	易于调整、易穿、易于运动	·可调节的背带设计和开扣 ·可调节前部肩带设计 ·不能牵扯面料 ·弹性回复性好
领口	非暴露式	·较高领口线设计
后背	允许肢体大幅度运动、隐藏背部脂肪、不采用背部交叉或套头文胸	·后背采用窄面式设计
袖窿	允许大幅度运动	·凹陷平整
下胸围曲线	隐藏脂肪	·宽下扒
罩杯	圆形全罩杯、防止下垂	·为老年人定制罩杯
侧比	提升胸部	·特殊裁剪，提升和支撑胸部
美学	时尚、显年轻	·深色或柔和颜色 ·长款遮盖身体 ·颜色匹配
开扣	易于穿脱	·前开扣
后比	覆盖性强	·宽翼设计

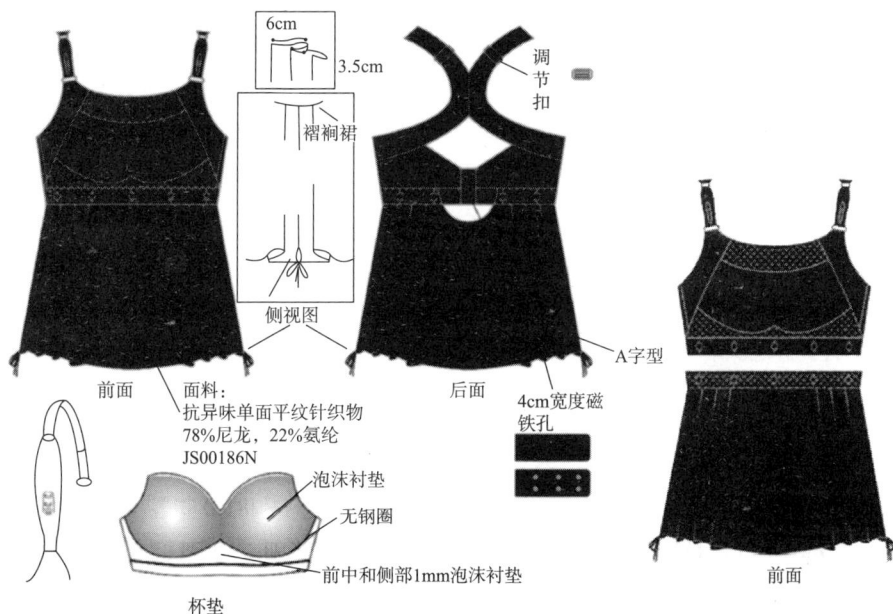

图 9.7　老年女性瑜伽文胸的设计说明

图 9.8 老年瑜伽样衣

9.3 结论

总而言之，本研究为老年女性设计了一款瑜伽文胸，该文胸具有良好的提拉胸部的功能，通过图案和颜色搭配提高了其外观的时尚感，从视觉上提升了老年女性的体态美观性。该文胸面料表面光滑、透气吸湿排汗性能优异，其采用高侧缝线设计、无缝成型式设计，具有弹性好、塑形能力强、穿脱方便等优点。该文胸具有较好的包覆性，采用了宽而结实的肩带及压力适当的文胸罩杯，提升了老年女性的着装舒适度。

9.4 研究趋势

本研究所设计和开发的瑜伽文胸可以满足老年女性的主要生理和心理需求，但总体而言，该瑜伽文胸还可以进一步优化。优良的瑜伽文胸设计可以促进着装者参加体育锻炼、进行身体活动及保持身体健康。个人偏好和需求可能会决定所使用的瑜伽文胸类型，但如果瑜伽文胸实现了对老年女性健身的促进作用以及提升对其社交和健身的态度，那么这将反过来影响老年女性的文胸购买行为和穿着习惯。人们的态度和观念可能会通过与其他社会成员（如父母、家庭成员、老师和社区人员）的交流而发生改变，尤其是同龄人间的交流更具有影响，因此老年女性对锻炼和穿着瑜伽文胸的观念会受到其他人看法、价值观、个性和态度的影响。

运动文胸设计需要关注老年女性群体，进而影响她们对运动的态度，尤其是对瑜伽的态度，这样可能会改变她们对身份转变的内部认知过程，尤其是认为穿着瑜伽文胸进行锻炼会更加健康和幸福。是否穿着瑜伽文胸存在两种观念，即在练瑜伽时穿着瑜伽文胸的女性是健康和热爱锻炼的群体，而不穿瑜伽文胸的女性则与同龄人不同，其对运动的重视程度不够。在个体与其社会关系间融入文化因素，也是激励老年女性进行锻炼的一种方法。

参考文献

扫码查看本章参考文献

第 10 章　针对早期脊柱侧弯青少年开发的新型生物反馈式背心

叶晓云（Joanne Yip），加西亚·郭（Garcia Kwok）

时装及纺织学院，香港理工大学，香港，红磡，中国

10.1　引言

骨骼构成人体并为人体提供支撑作用。脊柱位于身体的后中部位，是支撑人体的重要骨骼，在活动时脊柱对于姿态保持具有重要作用，同时脊柱也是中枢神经传递的通道。有些人群可能患有未知原因引起的脊柱侧弯，尤其是处在青春期的女性患病概率会更高，这种疾病会影响他们的日常生活，甚至降低他们的生活质量[1]。牛津简明医学词典[2]将脊柱侧弯定义为"脊柱侧方弯曲"。严重的脊柱侧弯会影响患者的社交生活，患者由于脊柱畸形而无法正常走路、说话或运动等。大多数的脊柱侧弯是由病因不明的先天因素所导致[3]。目前治疗脊柱侧弯常采用保守治疗，针对脊柱侧弯角度为 0°~20° 的轻度患者，每 6~12 个月进行一次检查，医生可能会采用运动治疗或物理治疗。对于脊柱侧弯角度在 21°~45° 的患者，通常采用由刚性塑料材料制成的支具进行治疗[4]。

无论是硬质支具还是柔性支具，脊柱矫正器都会对身体某些部位施加压力，支具的有效性取决于其对脊柱弯曲患者的提醒能力。如果患者姿势不良，脊柱矫正器则会通过施压来提醒患者伸直脊柱。治疗脊柱侧弯有多种治疗方法，包括物理治疗、脊椎按摩疗法、生物反馈疗法和电刺激等。

其中，生物反馈疗法被证实可以有效地解决身体、心理和身心问题[5-7]，从而在医学和心理学领域日益受到关注。生物反馈疗法为非医学性的治疗方法，它需要测量受试者的脑电波活动、电压、心率、皮肤温度、汗腺活动和肌肉张力等特定身体机能，并将实时数据反馈给患者。生物反馈疗法是为了帮助患者实现生理及心理问题的自我控制[8]。黄（Wang）等[9]研究了反馈装置在青少年特发性脊柱侧弯

（AIS）患者姿势训练中的有效性，结果显示该装置的有效率为 69%。

黄（Wong）等[10]推出了一款可以监测躯干姿势的智能服装。该服装集成了加速度计和陀螺仪，可以根据脊柱在矢状面和冠状面上的曲率变化来测量姿势变化。然而，该系统并未考虑受试者肌肉张力等特定身体机能，此外数据采集和反馈系统并非无线装置，设备的供电电池也比较笨重。因此，将这种音频生物反馈系统用于姿势训练，存在很大的改进空间。

文献指出，表面肌电信号（sEMG）的反馈对肌肉康复有效。针对患有上肢功能障碍的残疾人所开展的 sEMG 研究综述表明[11]，sEMG 可以增加上肢肌肉活动，其与物理治疗结合最为有效。施林贝克（Schleenbaker）等[12]将 sEMG 生物反馈系统应用于偏瘫中风受试者的系统研究中，他们的结果表明 sEMG 改善了上肢和下肢的功能，因此可以在治疗方案中进行应用。

本章旨在为患有轻度脊柱侧弯的 10~13 岁的青少年女性设计和开发姿势训练背心，以通过训练降低她们的肌肉活动水平及维持姿势的相对平衡。姿势训练背心由纺织材料制成，包含三个维度的加速度计，可以实时监控并提醒着装者的姿势。

10.2　研究进展

通过对当前有关脊柱侧弯研究的回顾，了解其相关基本知识。现有研究详细探讨了脊柱侧弯人群的判别方法，从而可以更加深入地了解该疾病的症状和相关的治疗方法。在治疗方法方面，现有研究探讨了使用柔性或刚性支具的保守治疗法及其有效性，讨论了其潜在问题和可能存在的改进方法。此外，现有研究还讨论了相关的姿势矫正方法，表明了保持"良好"姿势的重要性，以及姿势对脊柱侧弯患者的影响。本章主要采用生物反馈系统作为监测系统，讨论了生物反馈系统的通用应用领域及在姿势训练相关领域的应用。本章开发了一种用于姿势训练背心的姿势监测传感器，并基于此设计开发了生物反馈式姿势训练背心。

10.2.1　脊柱侧弯简介

"脊柱侧弯"一词来源于古希腊语"脊柱侧弯（skoli-osis）"，意为弯曲的。脊柱侧弯是脊柱在前后平面横向弯曲的疾病[13]。研究人员认为，通过 X 光片显示脊柱侧弯度数大于或等于 10° 时可确诊为脊柱侧弯[14-15]。脊柱侧弯通常主要分为三种类型，即特发性（AIS）、先天性或继发性神经肌肉疾病。特发性脊柱侧弯是一种脊柱结构性弯曲，病因不明[16]；先天性脊柱侧弯发生在出生前或出生时；当脊柱弯曲是由肌肉受损或其直接神经系统控制受到影响所导致时，会发生继发性脊柱侧弯。阿加贝吉（Agabegi）[17]指出，65% 为特发性脊柱侧弯，15% 为先天性脊柱侧弯，10% 为继发性脊柱侧弯。海维特（Hewitt）[3]得出了三种脊柱侧弯发生的类似比例，其中特发性、先天性和其他原因所致的比例分别为 65%、15% 和 20%。鉴于大量患者为特发性脊柱侧弯人群，本研究将重点关注这类型的脊柱侧弯。

特发性脊柱侧弯可以根据患者在初次诊断时的年龄进一步分类。青少年特发性脊柱侧弯患者的首次诊断年龄在 4~10 岁[18]。特发性脊柱侧弯患者的首次诊断在 10~15 岁，此时患者骨骼发育成熟[19]。特发性脊柱侧弯是最常见的脊柱侧弯类型，许多研究表明，青春期身体的快速增长是导致脊柱侧弯的因素之一[20-21]，此外青少年中女性的脊柱侧弯往往比男性发展更快[22]。佩尔森（Pehrsson）等[23]指出脊柱侧弯发生在 4~6 岁时女性和男性比例为 1∶1，发生在 6~10 岁时男女比例为 2∶1 到 4∶1，10 岁以上时比例增长至 8∶1。从发病人群的性别比例可以看出，青少年女性比男性需要得到更多的关注。

10.2.2 脊柱侧弯的治疗

脊柱侧弯患者的治疗方案需要根据患者的脊柱状况而定。一般而言，脊柱侧弯角度为 10°~20° 的患者建议每 6 个月或 12 个月定期检查一次；脊柱侧弯角度为 21°~45° 的患者建议佩戴体外式支具，以控制身体姿势并防止脊柱侧弯的发展；对于脊柱侧弯角度超过 45° 的患者，建议进行脊椎手术，该项手术需要通过脊椎骨移植而成，即将肋骨或骨盆移植至脊椎骨，移植后脊柱无法弯曲从而变直[24-25]。但是摩根（Morgan）等[26]指出，由于移植区域的脊椎骨与移植骨可能不会同时生长，因此在极端条件下这种手术会限制特发性脊柱侧弯患者的骨骼成熟及生长。

传统支具也称为刚性支架，可用于脊柱侧弯角度为 21°~45° 的患者。为了适应佩戴者的身体形状，传统支具采用硬质塑料进行量体定制，在支具内部的特定位置使用支具垫以产生压力。传统支具通过对胸椎和躯干区域施加压力来调整脊柱和躯干，但这限制了躯干的运动。脊柱侧弯患者必须每天佩戴支架 23h，持续 3~4 年直至骨骼成熟[27]。脊柱胸腰骶骨矫形器（TLSO）支具（图 10.1）是市场上最常见的刚性支具之一，其采用三点式压力系统矫正脊柱侧弯。

柔性支具可以通过使用弹性材料矫正不良姿势。1993 年首次生产的动态脊柱矫形器（SpineCor）支架（图 10.2）是最为流行的柔性支具。该支架的所有部件厚

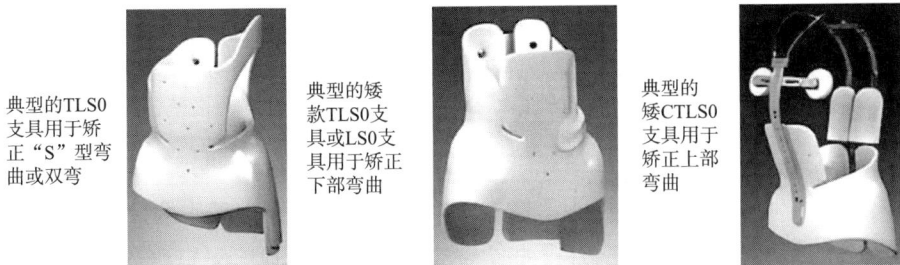

典型的 TLS0 支具用于矫正 "S" 型弯曲或双弯

典型的矮款 TLS0 支具或 LS0 支具用于矫正下部弯曲

典型的矮 CTLS0 支具用于矫正上部弯曲

图 10.1　脊柱胸腰骶骨矫形器（TLSO）支具

度均小于 1.5mm[28]，其中骨盆底座为环带状，由三块柔软热塑板材制成，这三块热塑板通过大腿上的两根矫正带以及胯部的两根矫正带进行固定，这四根矫正带由厚度为 0.20~1cm 不等的弹性材料制成[29]。该疗法涉及机械生物反馈或运动矫正法[30]，其中矫正带通过动态控制肩部、胸部和骨盆来控制脊柱侧弯，从而限制患者的不良运动姿势，在实现姿势矫正功能的同时保持身体运动及骨骼生长（即运动矫正的原理）[30]。患者穿戴该柔性支架时可以进行某些范围可控的运动，支架上的弹性矫正带可以调节长度以适应身形。

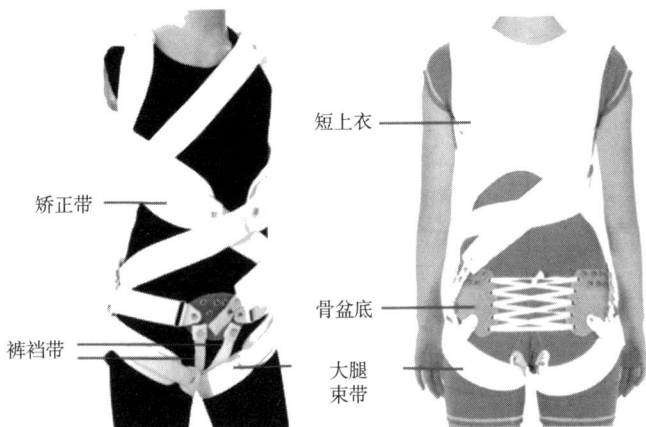

矫正带

裤裆带

短上衣

骨盆底

大腿束带

图 10.2　动态脊柱矫形器柔性支具

10.2.3　支具的缺点

佩戴刚性支具会影响躯干运动，从而可能会导致脊柱肌肉组织萎缩，长此以往脊柱也会变得不灵活[31]。此外，刚性支具由不透气的塑料材料制成，尤其是在炎热潮湿的天气下其透气性差，患者的耐受性差[30]。刚性支具也会限制患者的活动以及引起不必要的他人关注，这些对于青少年而言都是需要解决的重要问题[32]。另外，若佩戴刚性支具时患者的配合性差，也可能最终导致治疗失败[28]。

黄（Wong）等[30]的一项研究结果表明，柔性支具和刚性支具在刺激皮肤、引发褥疮、影响呼吸和运动方面没有区别，但当人处于行走、睡眠和穿衣状态时两者具有显著的差异。患者发现使用某些柔性支具时难以如厕，例如动态脊柱矫形器支架在骨盆水平位置设计了一个塑料外壳，该外壳可能会造成佩戴者弯腰困难。

在支具治疗时，邦吉（Bunge）等[32]认为最重要的是脊柱侧弯患者及其家属应对治疗方法有信心，并掌握如何降低治疗风险和不适感的方法。此外，支具效力、临床诊断有效性以及患者的配合度是成功治疗特发性脊柱侧弯的关键因素[33]。

10.2.4 患者的配合度

支具的美观是决定患者配合度的最重要因素之一[34]，笨重的支具会影响其外观，青少年对支具的美观性尤为重视[27,34-36]。支具可能会影响患者的心理，大多数脊柱侧弯青少年患者的社会心理问题需要被重视，例如，他们在学校时同伴施压、社会关系紧张以及缺乏家庭支持等。这些主要是由个人心理以及缺乏活力、失败性焦虑、自卑和容貌焦虑等消极因素所引发。为此患者对佩戴支具的配合度会受到影响[37-40]，而如果患者缺乏配合性，支具治疗失败的可能性则会很高[9]。支具治疗相关的心理因素及支具的美观性可能比支具的种类对治疗效果的影响更大[41]。

10.2.5 增强患者配合度的方法

对患者及其父母进行脊柱侧弯疾病的有关背景、自然病史和病程发展风险的教育非常重要[41]。如果没有患者的参与，治疗永远不会成功[9]。除此之外，应告知患者及其父母脊柱侧弯带来的所有可能后果，每次就诊时应询问佩戴支具的时长，并强调患者配合度的重要性[41]。此外，为了更准确地量化患者的配合度，可以使用温度记录器以确定支具的佩戴时间[42-43]。温度记录器是提高脊柱侧弯治疗效果的重要工具，这是因为较温度记录器所获得的客观数据而言，通过问卷、日记和访谈等主观方式评估支具的佩戴时长，往往会高估支具的使用时间[39,42]。根据温度记录器所收集的数据，可以获得每日佩戴支具的时间和佩戴方式等信息。因此，通过计算使用时间与规定23h佩戴时间的百分比，可以量化配合度水平[44]，超过90%表示配合度高；50%~90%表示配合度中等，低于50%表示配合度低。

10.2.6　无创式支具疗法

支具疗法是一种体外治疗方法，体外治疗方法包括使用刚性支具、柔性支具以及运动治疗。黄等[29]对患者的刚性支具和动态脊柱矫形器柔性支具接受程度进行了问卷调查，结果发现佩戴动态脊柱矫正器支具的受试者在使用卫生间时会遇到更多的问题，而佩戴刚性支具的受试者在穿脱时面临更大的困难。奥拉法森（Olafason）等[45]所汇总的统计数据表明，近三分之二的患者在使用刚性矫形器时遇到类似的问题。支具会对佩戴者的皮肤产生刺激，从而导致生活质量下降[46]。科亚尔（Coillard）等[18]通过实验来确定动态脊柱矫正器支具的有效性，结果表明，该支具在治疗青少年特发性脊柱侧弯方面具有有效性，它能够长时间地纠正、稳定和保持脊柱侧弯的卡柏角（Cobb's angle），但是大多数佩戴动态脊柱矫正器的青少年患者，他们的脊柱曲线至少增加了 5°[28]。黄等[29]指出，在开展 3 个月的治疗之后，动态脊柱矫正器和刚性支具都可以显著降低卡柏角，而在治疗 6 个月后，佩戴动态脊柱矫正器患者的脊柱侧弯问题仍然会出现恶化。

选择理想支具的另一个考虑因素是其有效性。黄等[29]的研究指出，使用动态脊柱矫正器支具和刚性支具时患者的临床疗效分别为 68% 和 95%，与使用动态脊柱矫正器支具的患者相比，使用刚性支具的患者更能够完成治疗。

现有研究并没有针对支具治疗和运动治疗的效果进行比较。通过查阅参考文献，可以总结运动治疗的相关研究规模和方法。与支具治疗有所不同，运动治疗的实验规模相对较小，参与的受试者数量通常少于 10 人[47-48]。此外，研究中所涉及的治疗的方法或运动形式也不一致。表 10.1 列出了刚性支具和柔性支具治疗效果的不足，由此可以看出针对脊柱侧弯患者的体外治疗方案有极大的优化空间。

表 10.1　刚性支具与柔性支具治疗效果的不足

治疗方法	存在不足
刚性支具	·脊髓肌萎缩[30] ·脊柱变得不灵活[30] ·支具透气性差[29] ·支具外观引起的社会心理问题[29] ·患者配合性差[27]
柔性支具	·有效性存疑[28] ·使用卫生间时有困难[29]

10.3　姿势矫正

雅斯克莱恩（Juskeliene）等[49]针对791名儿童开展了实验，测量了第7颈椎点到左右肩胛骨的距离。总体而言，46.9%的儿童因姿势不良出现了躯干不对称问题。奥茨（Oates）等[50]观察了95名8~12岁儿童的坐姿，这95名儿童坐姿均有问题。马沙尔（Marschall）等[51]在美国进行了一项研究，其中22.8%的小学生有背痛问题，这一比例在中学学生中增加至33.3%，这是由于学校家具的不良设计造成了学生的不良姿势习惯。洪（Hong）等[52]研究了书包设计及其对脊柱的负载，结果发现孩子在爬楼梯时背单肩书包运动脊柱会发生明显倾斜；当双肩或单肩背包的负载超过使用者体重的15%时，脊柱也会发生明显的倾斜。

10.3.1　矫正站姿

麦肯齐（Mckenzie）[53]建议由于胸部、腹部和臀部肌肉的作用，昂首挺胸站立可以降低腰背部的脊柱前凸，这说明不仅是身体背面的肌肉对整个身体起到支撑作用，身体前侧肌肉同样起到了支撑作用（图10.3左）。扎卡尔科夫（Zacharkow）[54]的研究也验证了这一发现，他指出保持正确站姿的重要性，否则不良站姿会抑制肺部扩张、压制膈肌，从而造成呼吸困难。

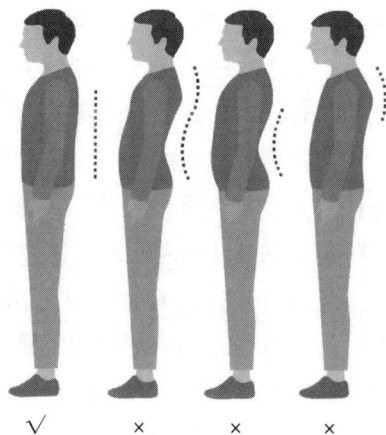

图10.3　正确的站姿

10.3.2　矫正坐姿

扎卡尔科夫[54]还推荐了保持正确坐姿的方法，即头部和脚踝要保持竖直，肩膀和臀部要保持水平，膝盖面朝前，下巴要与地板平行。腰背部应稍向前弯曲以支撑身体，此时脊柱不会承受额外的重量，如图10.4所示。保持正

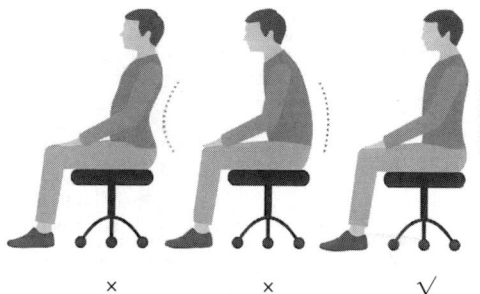

图10.4　正确的坐姿

确坐姿的关键在于维持正确的腰背部姿势。坐姿正确时，腰背部的肌肉可以支撑身体，此时脊柱和头部会挺直。

10.4　生物反馈系统

10.4.1　生物反馈系统简介

生物反馈治疗是"人体主要借助于电子设备，学习和控制那些无意识的身体功能的训练方法"，即"学会内部器官的调控"[55]。这意味着任何仪器只要能让使用者学会控制那些无意识的身体功能，都可以成为生物反馈装置。利西纳（Maia Lisina）[56]最早记录了生物反馈系统的使用，1958 年她使用了电子装置，训练受试者控制其血管收缩和扩张。现已证明生物反馈在解决多项生理、心理和身心问题方面具有有效性[5-7]。生物反馈疗法是非医学过程，需要测量特定的且可量化的身体指标，例如，脑波活动、血压、心率、皮肤温度、汗腺活动、肌张力等，从而实时地将信息反馈给患者。生物反馈治疗的基本目的是帮助患者自己控制其特定的心理、生理过程[8]。

10.4.2　表面肌电图

文献指出，使用 sEMG 生物反馈对肌肉康复有效。针对患有上肢功能障碍的残疾人所开展的 sEMG 研究综述表明[11]，sEMG 可以增加上肢肌肉活动，其与物理治疗结合最为有效。施林贝克（Schleenbaker）和美因努斯（Mainous）[12]将 sEMG 生物反馈系统应用于偏瘫中风受试者的系统研究中，他们的结果表明 sEMG 改善了上肢和下肢的功能，因此可以在治疗方案中进行应用。评价特发性脊柱侧弯患者肌肉中的肌电活动对基于 sEMG 生物反馈的训练极其重要。

10.4.3　生物反馈系统在脊柱侧弯领域的应用研究

黄等[9]研究了在特发性脊柱侧弯患者体位训练中使用"微型直筒（Micro Straight）"音频生物反馈装置的有效性。鉴于"微垂直筒"音频生物反馈装置为当时较为新型的装置，故选择了特发性脊柱侧弯患者作为受试者。该装置使用了两个采用尼龙钓鱼线制成的环（图 10.5）来监测躯干的周长和呼吸时的胸围。当受试者的姿势不良时，躯干周长会发生变化，从而与测试前所设定的标准姿势值产生差

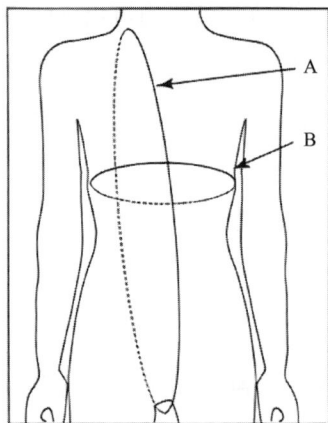

图 10.5　姿势训练中的音频生物
反馈装置[9]

异。如果用户的不良姿势维持了 20s 以上时，设备将通过发出声音提醒用户纠正该姿态。如果用户忽略警报声，则报警音量会逐渐变大。另外，装置中存储了 4 个月的日志记录，以保证脊柱侧弯的可控发展。

黄等[9]的研究结果表明，在使用音频生物反馈装置的 16 例患者中，9 例患者的脊柱侧弯角度增加值小于 5°，脊柱弯曲控制率为 69%，与使用密尔沃基（Milwaukee）支具控制脊柱侧弯效果类似。更重要的是，即使在治疗结束后，患者仍能保持良好的姿势。黄等[9]还为特发性脊柱侧弯患者开展进一步的姿势训练提供了建议。接受研究的患者分享了使用该装置的经验，他们发现仅在使用初期感到疲劳，只要继续保持正确的姿势，疲劳感便会减轻。除此之外，相较于矫正支具而言，患者对该设备的满意度更高。此外，研究人员对该设备的音频警报声提出了建议，用户每天必须使用该设备 23h，在有些情况下设备的音量会过于响亮或过于轻柔。因此，尽管振动需要配备更大容量的电池，黄等[9]仍建议将反馈提示改为振动方式。

黄（Huang）[58]还开发了用于矫正姿势的姿势训练生物反馈装置。实验结果验证了该装置的有效性，实验中受试者进行了长达 4 天的穿着实验，在这期间受试者表现出不良姿势的总时间减少了约 26%。虽然该装置对于帮助患者矫正姿势是有效的，但其仍需要改进。例如，图 10.6 所示的装置需要采用相对较大容量的电池用

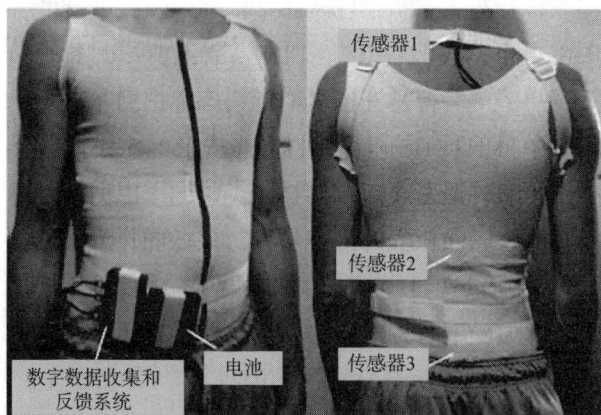

图 10.6　姿势训练生物反馈装置中的大容量电池[58]

于监测，因此服装上需要采用额外的固定带将其固定，以便电池与监测目标区域的相对位置保持一致。另外，该实验只涉及两位特发性脊柱侧弯受试者，分别为脊柱侧弯单弯患者和脊柱侧弯双弯患者。因此，该系统治疗脊柱侧弯的真实有效性尚待验证，尽管如此，研究还是说明该装置具有一定的有效性（表 10.2）。

表 10.2　现有生物反馈姿势训练装置的特征

研究	优点	缺点
特发性脊柱侧弯患者姿势训练中音频—生物反馈装置的有效性[9]	·具有与 Milwaukee 支具类似的脊柱侧弯控制效果 ·训练结束后，患者可以保持良好的心态 ·与支具相比，患者对该装置更为满意	·使用初期，患者感到疲劳 ·音频音调过高或过低
姿势训练生物反馈装置[58]	·具有综合数据记录系统用于姿势信息记录 ·有效地矫正受试者的姿势	·电池体积大，且不便携带 ·装置定位需要额外部件，实验仅持续了 4 天，建议延长持续时间

利用 sEMG 还对青少年特发性脊柱侧弯患者的椎旁肌活动开展了不同的研究。阿维卡宁（Avikainen）等[59]在躯干最大伸展重复实验中，获得了腰椎旁肌力与其 sEMG 随时间变化的曲线，结果表明正常人和脊柱侧弯患者胸椎和腰椎处的肌力与最大肌钙蛋白（EMG）值无显著性差异。

奇瓦拉（Chwala）等[60]针对原位运动状态下的特发性脊柱侧弯患者脊髓旁肌肉进行了 sEMG 评估。他们发现，在对称和非对称运动中，相较于休息时的肌张力而言，正常人和脊柱侧弯患者的肌张力存在显著性差异。表 10.2 介绍了现有生物反馈姿势训练装置的特征。由于缺乏对此类训练设备的临床试验，因此阐明这些装置的优缺点很重要。

10.5　研究设计与结果

10.5.1　概要

本节为 AIS 患者研发带有姿势监测传感器的背心，阐述了相关设计方案及性能评价方法。具体而言，本节内容包括姿势矫正背心的设计与开发、背心制作、姿势监测传感器的使用、着装实验和评价。

10.5.2　整体设计

本研究分为两个阶段，即首先设计与开发 AIS 患者的姿势训练背心，然后进行背心的着装实验和评价。

研究第一阶段是背心设计。设计时关注背心的舒适性，另外还考虑了背心的耐久性、安装姿势监测传感器的技术要求等其他因素。根据性能需求，确定背心的材料及服装廓型。

研究第二阶段是对背心开展着装实验和评价。实验时 12 名受试者进行了约 30 次的姿势训练，每次训练需要穿着该姿势辅助训练背心进行 50min 的生物反馈训练。然后对所采集的数据进行统计分析，并对实验设计的意义进行了讨论。

10.5.3　背心设计

背心设计图如图 10.7 所示。该背心需主要具备两项功能，首先背心应容纳姿势传感器并确保其定位准确，其次背心应穿着舒适。背心后背处采用宽度为 1 英寸的 U 型肩带，该 U 型肩带由服装的前部连续延伸至后部。肩带的作用是为背心提供支撑力、通过降低背部织物的覆盖程度实现降温效果最大化。背心后片沿着脊柱区域以及前片胸部中心区域均使用弹力网布[61-62]。该弹力网布具有优良的透气性，使得容易出汗的区域保持相对干燥和凉爽。背心胸部区域设有衬里，可以插入一对薄型泡沫乳垫来增加对胸部的支撑，该衬里具有优良的弹性以容纳不同厚度和尺寸的泡沫罩杯。女性青少年可以将该背心作为内衣直接穿着，而不需要再额外穿着贴身服装或文胸。为此传感器的定位需要更加准确、更加贴近皮肤。胸部衬里底部装有弹性带，可以为胸部提供更多的支撑。

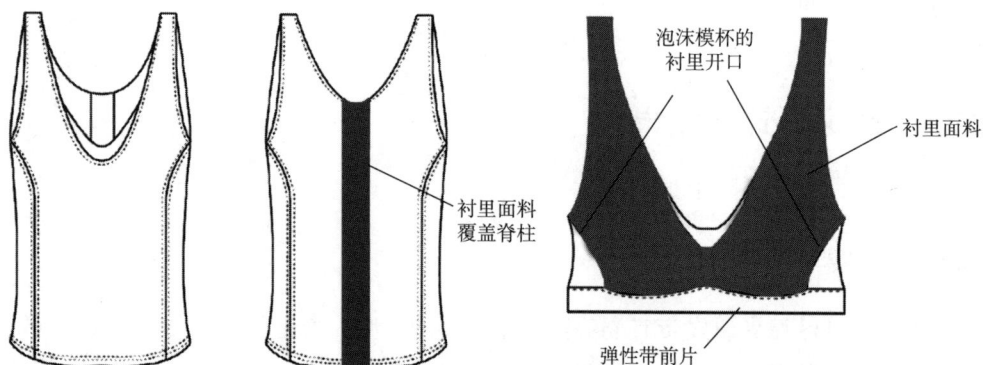

图 10.7　背心设计图

10.5.4 材料选择及其物理性能测试

相较于机织和纬编针织物而言，经编针织物具有舒适性和尺寸稳定性等优点，因此选用经编针织物作为背心的面料和里料。面料的材质及织物结构会对服装的质量产生影响，本研究预选了两种里料和四种外层面料，针对这些材料的多种物理性能开展测试。舒适性是选择背心面料时的重要标准，科利尔（Collier）等[63]指出，织物的传热、传湿和透气性能是影响其物理舒适性的重要因素。这些因素可能与织物结构和厚度有关。

尼龙氨纶混纺织物轻薄快干，具有优良的耐磨性和抗起毛起球性，为此背心外层面料和里料选择尼龙氨纶混纺织物。其中，氨纶纤维为织物提供了优良的弹性，使背心穿着舒适。表 10.3 为预选织物的纤维组成和规格。

表 10.3 预选织物的纤维组成和规格

部件	名称	成分	面料种类	密度（纵向 × 横向）	质量（g/m²）	厚度	实物照
里料	L1	95% 尼龙 / 5% 氨纶	波韦梅特（Powemet）弹力网眼织物	44 × 34	80	0.06	
	L2	95% 尼龙 / 5% 氨纶	萨京内（Satinnet）网眼织物	47 × 38	200	0.36	
面料	S1	65% 尼龙 / 35% 氨纶	经编织物（Tricot）	94 × 70	180	0.28	
	S2	80% 尼龙 / 20% 氨纶	经编织物（Tricot）	72 × 70	210	0.62	
	S3	65% 尼龙 / 35% 氨纶	辛普莱克斯（Simplex）经编织物	67 × 70	180	0.32	
	S4	90% 尼龙 / 10% 氨纶	辛普莱克斯（Simplex）经编织物	74 × 90	130	0.2	

为确定织物的机械强力，根据 ASTM D3787《纺织织物顶破强力的标准实验方法 等速牵引（CRT）钢球顶破实验》对织物的顶破强力进行测试，测试结果见表 10.4。

表 10.4　顶破强力测试结果

织物名称	负载（N）				
	样本 1	样本 2	样本 3	平均	标准差
L1	128.1	141.5	168.2	145.9	14.45
L2	150.3	149.7	149.1	149.7	0.429
S1	218.0	220.0	207.5	215.2	4.729
S2	311.3	296.4	307.5	305.1	5.479
S3	362.0	337.6	334.9	344.8	10.57
S4	231.0	236.5	222.8	230.1	4.874

表 10.4 中的负载表示导致织物断裂所需的强度。图 10.8 绘制了条形图对织物的顶破强力进行了直观的比较。可以看出，里料 L1 和 L2 具有相似的强度，两者在被顶破时需要平均约 150 N 的力。面料测试所需的 3 个样本来自织物的不同部位，L2 织物的 3 个样本标准差较小（0.429N），表现出较为一致的织物强度；而 L1 的测试样本标准差较大（14.45N），重复测试的结果一致性较差。

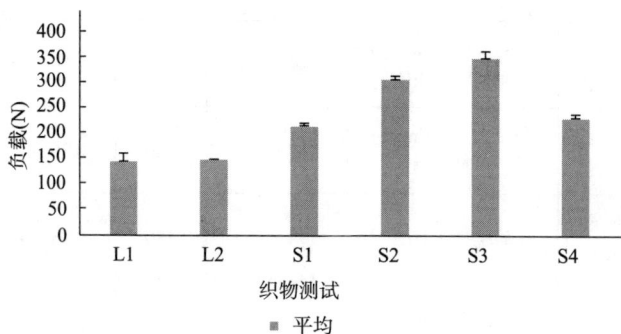

图 10.8　不同织物的顶破强力测试结果条形图

对比面料的顶破强力测试结果，可以发现顶破 S1 和 S4 所需负载分别为 215.2 N 和 230.1 N，而顶破 S2 和 S3 的负载均超过 300 N，因此 S1 和 S4 的顶破强力低于 S2 和 S3。所有面料的测试标准差约为 5N，说明样本承受顶破负载能力的一致性较好。综上所述，里料 L2 和面料 S3 比其他测试织物的耐用性更好。

织物的伸长率、回复能力和弹性可以通过拉伸回复实验进行测试，测试标准为 ASTM D5035《纺织品断裂强力及伸长率测试（条样法）》。测试时将试样拉伸至 50% 的伸长，然后回复至原始形状，在这个过程中分别记录伸长率为 10 %、20%~50 % 时的负载（单位：牛顿）。伸长织物所需的负载越低说明织物的弹性越好，测试结果见表 10.5 和表 10.6。

表 10.5　不同纺织面料的经向伸长率及断裂强力

织物名称 / 伸长率（%）	平均负载（N）（标准差）				
	10%	20%	30%	40%	50%
L1	0.26 （0.000）	0.40 （0.000）	0.57 （0.069）	0.71 （0.063）	0.84 （0.075）
L2	0.32 （0.067）	0.59 （0.075）	0.80 （0.000）	1.02 （0.081）	1.20 （0.000）
S1	0.42 （0.014）	0.75 （0.069）	1.07 （0.135）	1.33 （0.136）	1.61 （0.135）
S2	0.37 （0.056）	0.61 （0.036）	0.83 （0.051）	1.07 （0.000）	1.38 （0.075）
S3	0.59 （0.040）	1.08 （0.125）	1.56 （0.081）	2.09 （0.070）	2.64 （0.075）
S4	0.44 （0.064）	0.75 （0.075）	1.07 （0.135）	1.34 （0.145）	1.78 （0.075）

表 10.6　不同纺织面料的纬向伸长率及断裂强力

织物名称 / 伸长率（%）	平均负载（N）（标准差）				
	10%	20%	30%	40%	50%
L1	0.21 （0.086）	0.36 （0.088）	0.57 （0.087）	0.76 （0.075）	0.98 （0.081）
L2	1.44 （0.474）	3.47 （0.741）	5.93 （0.805）	8.19 （0.796）	10.6 （0.435）
S1	0.26 （0.000）	0.44 （0.075）	0.63 （0.089）	0.80 （0.130）	1.11 （0.208）
S2	0.48 （0.070）	0.85 （0.090）	1.24 （0.206）	1.69 （0.389）	2.28 （0.462）
S3	0.36 （0.066）	0.67 （0.000）	1.07 （0.000）	1.38 （0.075）	1.92 （0.156）
S4	0.44 （0.075）	0.80 （0.108）	1.17 （0.151）	1.66 （0.193）	2.59 （0.203）

为了比较各织物的拉伸测试结果，图 10.9 给出了经纬向伸长实验测试结果的折线图。可以看出 L1 的经向具有较好的弹性，其拉伸至伸长率为 50% 时所需的负

载最小，其次是 L2、S2、SI、S4 和 S3。L1 的拉伸负载小于 L2 的原因在于 L1 比
L2 的氨纶含量高 10%。L2 需要很高的负载才能使纬向伸长率达到 50%，这说明 L2
的纬向拉伸性能与经向不同，其为单向拉伸织物。若采用 L2 织物作为泡沫模杯的
里料，较大尺寸的泡沫模杯可能无法插入，因此 L2 织物可能不适合用作里料。

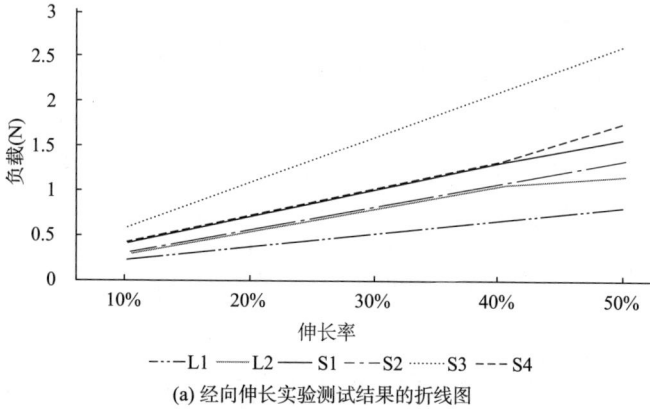

(a) 经向伸长实验测试结果的折线图

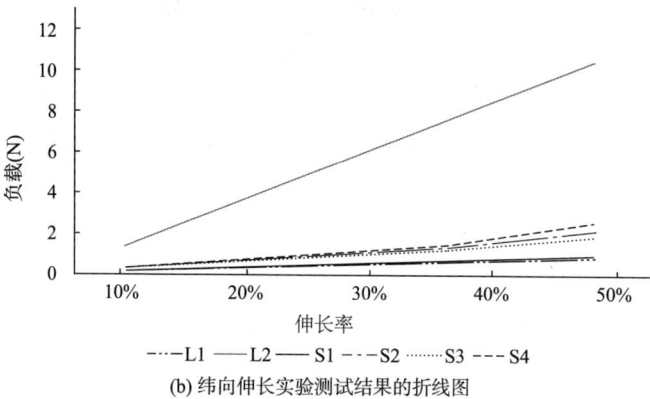

(b) 纬向伸长实验测试结果的折线图

图 10.9　经纬向伸长实验测试结果的折线图

　　所有外层织物的经向和纬向具有相似的拉伸性能，因此所测试的四种外层面料
均为四向拉伸织物，它们均可作为背心外层的理想选材，以保证背心与着装者皮肤
紧密贴合。

　　通过测量空气通过织物时所需施加的压力进行织物的透气性表征，当所需压力
越低时，空气能更容易地通过织物，说明织物的透气性越好，着装者穿着更凉爽。

织物的透气率测试实验按照 ASTM D737《纺织织物透气率的标准实验方法》进行。结果见表 10.7，透气性测试结果条形图如图 10.10 所示。

表 10.7　透气性测试结果　　　　　　　　　　单位：kPa·s/m

织物名称	试样 1	试样 2	试样 3	试样 4	试样 5
L1	0.007	0.006	0.006	0.007	0.001
L2	0.026	0.027	0.0277	0.027	0.001
S1	0.634	0.806	0.623	0.688	0.084
S2	0.324	0.280	0.286	0.297	0.019
S3	0.723	0.845	0.831	0.800	0.055
S4	0.840	0.790	0.740	0.790	0.041

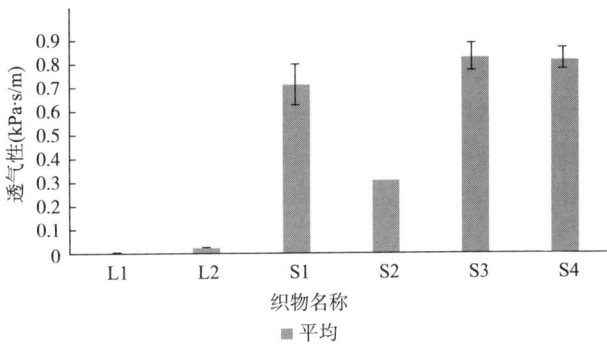

图 10.10　透气性测试结果条形图

由于里料 L1 和 L2 均为网眼织物，其线圈间有矩形孔眼，空气能更容易通过，因此这两种面料需要较低的压力即可推动空气通过里料。较 L2 织物而言，L1 织物具有较低的密度，且为弹力网布，织物具有更大尺寸的矩形孔眼，因此 L1 的透气性能更好。较四种外层面料而言，两种里料均具有更好的透气性，这说明波韦梅特弹力网眼织物与萨京内网眼织物均是理想的泡沫模杯里料，即使在里料中再增加一层模杯，背心的透气性也不会受到太大影响。

在外层面料的透气性方面，S2 相比其他面料具有更好的性能，其需要较小的压力（60%）即可使空气通过。如果着装者穿上采用 S2 面料制作的背心，则会感到凉爽而更舒适。

织物的耐用性由织物的抗起球性能测试进行表征，测试标准实验按照 ASTM D3512 / D3512M《纺织纤维的抗起球性和其他相关表面变化的标准实验方法：翻滚

147

式起球实验仪》进行。实验对背心用织物的起球性和相关表面变化进行测试，每种织物测试 3 个试样，测试结果如图 10.11 所示，其中 5 级表示没有起球，1 级表示严重起球。

就里料而言，L1 经测试后无起球现象，其 3 个试样的评级均为 5，这说明 L1 织物在随机接触其他表面时，可以无起球现象。

对于外层面料的表面随机磨损情况而言，S1 的起球最为严重，其抗起球性能最差。由于背心需要长时间穿着，必须具备优良的耐用性，因此 S1 不适合作为背心的外层面料。S2 和 S4 都具有较好的抗起球性能，两种织物 3 块试样的累积评级均为 13。根据随机翻滚式起球实验测试结果所表征的耐久性，S2 和 S4 面料起球较少，不会在长时间使用后对外观造成太大影响，因此它们均适合作为背心的外层面料。

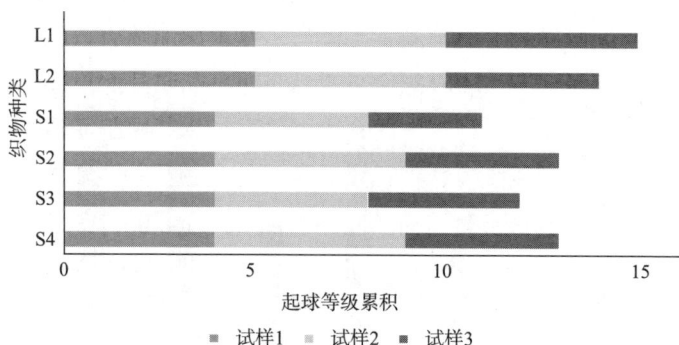

图 10.11 抗起球测试结果

织物洗涤后的尺寸稳定性是表征背心耐久性和合体性的另一项重要性能指标，其测试标准为 AATCC 135《织物尺寸变化的测定（采用家用自动洗衣机）》。尺寸稳定性测试结果如图 10.12 所示。

测试结果表明，所有织物在经洗衣机洗涤后其尺寸均略微减小。就里料而言，L2 的缩水率为 2.13 %，其收缩率小于 L1，因此 L2 表现出较好的尺寸稳定性。

就外层面料而言，S1 和 S2 的缩水率小于其他织物。S2 测试后的平均缩水率仅为 0.6 %，因此 S2 是非常好的背心外层面料。S2 具有较好的尺寸稳定性，如果采用 S2 面料作为背心外层织物，背心的版型就不需要再进行调整。

基于以上物理性能测试结果对织物的综合性能进行评价。虽然里料 L1 与 L2 的多项测试结果类似，但是 L1 为四向拉伸材料，能够在各个方向提供足够的弹性来容纳不同尺寸的泡沫模杯，所以更适合作为背心的里料。相较于其他外层面料而言，S2 具有较好的拉伸率、透气性、抗起毛起球性、洗涤后尺寸稳定性等性能，其

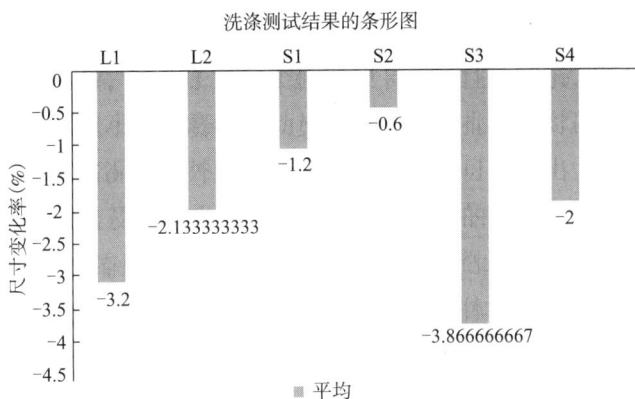

图 10.12 尺寸稳定性测试结果

整体而言 S2 应最耐用、最舒适，故选用 S2 作为背心的外层面料。

根据纺织品物理测试结果，采用最优的外层面料及里料制作背心，其成品如图 10.13 所示。

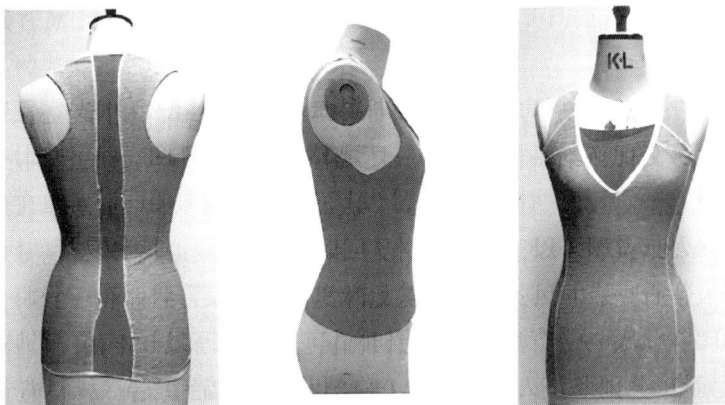

图 10.13 选用最优面料组合制成背心

10.5.5 姿势监测传感器

前文已经确定了背心的设计和所用材料，但背心本身不具有对着装者姿态监测的能力，需要研发相应的姿态监测传感器，然后将该传感器安装在背心上，从而形成完整的着装者姿势监测系统。

该监测传感器由三轴加速度计、陀螺仪、温度计和晴雨表组成。所有功能性芯

图 10.14　微控制器单元

片都集成在微控制器单元（MCU）上，MCU采用蓝牙设备进行连接。该 MCU 为圆形，直径为 3cm，在 MCU 的背面嵌入容量为 3V 的电池（图 10.14）。该电池能够支持传感器至少工作 56h，以确保不需要每天更换电池。

此外还设计了一款 APP 用于展示从姿势监测传感器所获取的信息，大多数装有蓝牙 3.0 应用的安卓（Android）设备可以兼容该 APP。该应用程序能够同时连接和显示 3 个姿势监测传感器的信息，针对每个传感器显示所测量的温度、人体姿势角等信息，同时也能显示电池以及传感器的标定情况。传感器的校准是保证其与 sEMG 训练程序同步的关键。所开发的 sEMG 训练程序展示了由 sEMG 信号触发的视觉反馈信息，姿势监测传感器通过 sEMG 信号来进行同步与校准，当 sEMG 信号保持不变时，用户位置会被限定。

10.5.6　着装试验与评价

着装实验用于考察 sEMG 姿势训练系统的有效性。sEMG 姿势训练需要进行定制，然后与姿势监测传感器结合形成监测系统，用户利用该系统达到两方面目的。首先，用户旨在减少测试肌肉区域左右两侧的 sEMG 信号差异，以使他们获得更为平衡的肌肉活动水平；其次，用户旨在降低 sEMG 信号值，以降低肌肉活动水平。为了训练用户实现上述目标，需要向用户提供可视化反馈。

收集 12 名受试者每个训练环节的 sEMG 信号，并对 sEMG 姿势训练前后的数据进行比较。姿势训练结果见表 10.8。该表给出了姿势训练前后 sEMG（mV）的平均值。为了便于比较，图 10.15 绘制了结果的条形图。

表 10.8　坐姿时 sEMG 的均方差平均值（mV）

N	肌肉区域	习惯坐姿（左侧）	习惯坐姿（右侧）	训练坐姿（左侧）	训练坐姿（右侧）
12	斜方肌	5.365（9.771）	9.619（11.68）	3.336（0.524）	2.974（0.489）
	背阔肌	7.465	5.84（3.137）	3.569（0.897）	3.881（0.730）
	胸椎竖脊肌	7.066（5.356）	11.78（12.94）	2.808（0.527）	3.176（0.684）
	腰椎竖脊肌	5.157（4.480）	15.09（25.81）	2.776（0.474）	3.093（0.432）

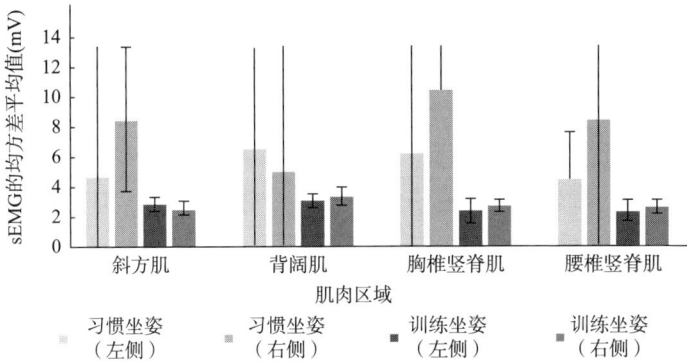

图 10.15　训练前后 sEMG 均方差平均值比较

　　基于 sEMG 姿势训练数据获得了两项结论。第一项结论为，受试者在训练结束后的坐姿状态下，sEMG 活动相对较低，而习惯坐姿状态下，所有测试肌肉区域 sEMG 均值均大于 5 mV，腰椎竖脊肌右侧的 sEMG 值最高，平均值为 15.09 mV，这表明受试者在习惯坐姿状态下的肌肉活动量较大。在约 30 次坐姿训练后，sEMG 的平均值显著下降，所有测试肌肉区域的 sEMG 值均未高于 4 mV，最高值出现在背阔肌右侧（3.881 mV）。这一结果说明了 sEMG 肌肉训练的有效性，即参与者在训练后再完成相同坐姿运动时，其肌肉活动水平降低。基佩尔斯（Kippers）和帕克（Parker）[64] 认为疲劳是由肌肉持续静态工作所引起，因此在坐姿状态下应尽可能地降低肌肉活动水平。本研究结果表明，生物反馈训练可以帮助使用者通过自我调节放松目标肌肉区域。第二项结论为，训练后坐姿状态下的 sEMG 标准差较低。这意味着与训练前相比，12 名受试者的数据分布相对更均匀。该训练成功地让受试者在整个训练过程中保持较低水平的肌肉活动。值得注意的是，由于每位受试者的各肌肉区域的最大肌力可能不同，而数据并未标准化，因此 sEMG 的平均值并不能用于不同个体间的直接比较。

　　因此，将 sEMG 标准化后再用于分析，将标准化后的值命名为 sEMG 比值，其结果见表 10.9，为了便于比较，图 10.16 绘制了条形图。sEMG 训练的另一目的在于通过 sEMG 反馈信号，训练用户保持更加平衡的坐姿。sEMG 比值的平均值[60] 是反映坐姿状态下对称性肌肉活动水平的指标之一。当同一肌肉区域的左右两侧肌肉活动水平完全对称时，sEMG 比值为 1。从训练前后的数据来看，除腰椎竖脊肌外，在 30 次训练后坐姿状态下，所有测试肌肉区域的 sEMG 比值平均值均有所下降，这说明受试者在训练后左右两侧的姿势相对更加平衡。为确定姿势训练前后的 sEMG 比值是否具有统计学差异，需对数据进行统计学分析，对时间因素（训练前后）和 4 个肌肉区域进行方差分析（ANOVA）。根据 ANOVA 分析结果，姿势训练前后有显著性差异趋势，威尔克斯（Wilks）统计量 =0.574，$F(1, 7)=5.20$，$P=0.057$，这表明训练对数据有一定的影响。通过训练，受试者能够获得相对平衡的坐姿，从而实现了训练的目标。尽管对轻度特发性脊柱侧弯的治疗建议是在早期进行定期观察，而不是采用任何类型的治疗或运动，但文献[47-48,65]表明当脊柱的曲率快速变化或发生脊柱扭转时，仍有可能使用运动治疗。2003 年，霍斯（Hawes）[66] 对运动治疗脊柱侧弯的相关研究进行了综述，他以迪克森（Dickson）等[67]的研究为例，说明采用运动法是可以成功治疗脊柱侧弯的。运动时通过增加负荷来平衡患者体位，从而消除脊柱畸形[66]。

表 10.9　坐姿训练前后 sEMG 比值的平均值

N	肌肉区域	训练前	训练后
8	斜方肌	2.30（1.75）	0.95（0.13）
	背阔肌	1.14（0.50）	1.12（0.24）
	胸部竖脊肌	2.17（2.29）	0.97（0.20）
	腰椎竖脊肌	1.00（0.44）	0.97（0.13）

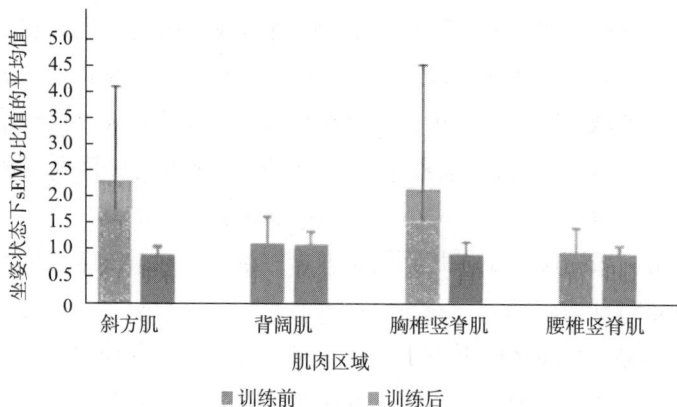

图 10.16　坐姿训练前后 sEMG 比值的平均值

奇瓦拉（Chwala）等[58] 对青少年特发性脊柱侧弯患者进行了 sEMG 评估，认为无负荷和对称练习有助于矫正脊柱。本研究有一个与之相似的发现，即行为训练可以有效地将肌肉活动训练至最佳活动水平。通过运动学习，特发性脊柱侧弯患者可以定期练习推荐的姿势来保持姿势平衡[67]。

10.6　结论

轻度脊柱侧弯患者除了常规检查外，缺乏被动治疗的相关方案，而使用刚性或柔性支具治疗会对脊柱侧弯患者的生活质量造成负面影响。在生物反馈训练中，也很少专门针对特发性脊柱侧弯患者开发相应的训练系统。使用生物反馈系统可以监测和提醒脊柱侧弯患者，他们可以通过自我控制保持正确的身体姿势和控制脊柱畸形的发生。

在采用支具治疗时，如何提高患者的生活质量应是首要考虑的问题。为此将临床经验与纺织材料科学结合起来，探究基于表面肌电信号的肌肉训练监测过程。本研究研制了一款针对青少年早期脊柱侧弯的姿势训练背心，该姿势训练背心不仅能够定期通过 sEMG 肌肉训练为青少年提供姿势监测，而且能够利用传感器实时监测姿势并跟踪训练成效，这可能会极大减少支具的使用及手术治疗的费用。

本章全面阐述了脊柱侧弯的相关背景。统计结果显示女性特发性脊柱侧弯患者比例最高，她们应该被重点关注。此外，目前对于轻度脊柱侧弯患者（脊柱侧弯角度为 $10° \sim 20°$）主要采用被动治疗，临床上只需进行定期观察，因此有必要针对这类人群探索更好的治疗方式。对于脊柱侧弯角度为 $21° \sim 45°$ 的患者而言，支具治疗的效果有限，其成效在很大程度上取决于使用者的配合程度，这是因为支具可能会对患者的生活质量造成影响。因此，应优先考虑能够提升患者幸福感的治疗方式。为了制定可靠的 sEMG 训练方案，本章还对 sEMG 的应用情况进行了综述。研究发现，有两项研究针对脊柱侧弯患者使用了生物反馈姿势训练系统，本章将这两项研究的优缺点进行了比较，并在后续研究中设计了姿势训练背心。

本章还详述了姿势训练背心的相关设计方案及性能评价方法。整个研究过程分为两个阶段，即姿态训练背心的设计与开发和姿态训练背心的着装实验与评价。在第一阶段的研究中，根据设计要求开发了一款能够容纳姿态监测传感器的姿态训练背心，根据各种预选织物的测试结果确定了背心的材料。由于经编织物的性能测试结果优于其他面料，因此将这种面料作为背心的外层面料，该面料能够最大限度地提高舒适性、耐久性等；虽然波韦梅特弹力网眼织物与萨京内网眼织物的物理性能测试结果相似，但波韦梅特弹力网眼织物具有四向拉伸性能，可以容纳不同尺寸的泡沫模杯，因此采用波韦梅特弹力网眼织物作为里料。在 T3、T12 和 L4~L5 关节处放置 3 个传感器，用于监测用户的姿势。姿势传感器的可靠性通过各种初始试验来检验。结果表明，传感器内部不同的探测器之间能够很好地相互作用，并提供可靠功能。尽管有时传感器会与安卓设备失去连接，但由于传感器能够自动与智能手机重新连接，因此它们仍可用于姿势训练。

在第二阶段的性能评价研究中，采用 12 名受试者参加姿势训练。经过 30 次训练后，受试者的椎旁肌肉具有相对更加平衡的 sEMG。研究发现，在训练前，斜方肌区域的 sEMG 比值与检验值 1 间存在统计学上的显著性差异（$P=0.038$），而训练后所有测试区域均与检验值 1 间无显著性差异。通过使用该姿势训练背心，特发性脊柱侧弯患者可以定期练习推荐姿势来保持姿势平衡。

参考文献

扫码查看本章参考文献